森の声、ゴリラの目

人類の本質を未来へつなぐ

山極寿一

Juichi Yamagiwa

小学館新書

著者は人類学者、霊長類学者。ゴリラ研究の国際的リーダー。
写真／大西成明（協力・JT生命誌研究館）

森の声、ゴリラの目　人類の本質を未来へつなぐ

目次

※掲載の写真でとくに表記のないものは著者提供。キャプションは編集部が書き起こしました。

アフリカ中央部ヴィルンガ火山群のマウンテンゴリラ。中央のベートーベンと名づけられたオスは群れのリーダーで文中に登場する。

ゴリラ
Gorilla

霊長目ヒト科ゴリラ属でマウンテンゴリラ、ヒガシローランドゴリラ、ニシローランドゴリラ、クロスリバーゴリラの4亜種。いずれもアフリカ大陸中央部の熱帯雨林に生息しているが絶滅危惧種である。成熟したオスは背中の毛が銀白色になり「シルバーバック」と呼ばれる。ちなみに日本の動物園で飼育されているのはすべてニシローランドゴリラ。

霊長類（サル類）の中でヒトに近縁な種は「類人猿」と呼ばれ、大型類人猿はゴリラ、チンパンジー、ボノボ、オランウータン、小型類人猿はテナガザル。みな尾がない。

コンゴ民主共和国カフジ・ビエガ国立公園のヒガシローランドゴリラのシルバーバック。

序章　今まさに文明の転換期

これまで私は40年余りにわたってアフリカのジャングルでゴリラの調査に没頭してきた。大学の学長の職にあった6年ほどは国立大学協会や日本学術会議の会長を兼任していた時期もあって、なかなかアフリカへは行けなかった。しかし、頭はいつもゴリラとともにあった。ずっと私はそうであった。おかげで、人間や現代社会をゴリラの目から眺める習慣がついてしまった。それはときとして、ゴリラの気分になって胸を叩きたくなるとかして、トラブルを巻き起こすこともある。しかし、いいこともある。ふだん人々が気づかない人間や社会の不思議に目が留まるのだ。それをいくつか例に挙げて、今の人間に期待すべき将来の道を探っていこうと思う。

なぜなら、21世紀に入ってから私たちは大きな閉塞感に悩まされているからだ。大型の台風やハリケーンによる災害、地震や津波の襲来、火山の噴火など自然が猛威を振るい、地球のあちこちで大雨や旱魃（かんばつ）によって死亡したり住居を失ったりする人々が続出している。

ベルリンの壁崩壊で東西の冷戦が終結し、世界に平和が訪れると思ったら、ボスニア・ヘルツェゴビナの紛争、ルワンダ共和国の大虐殺、ソマリア紛争、そして2001年にはアメリカで同時多発テロが起こって、アフガニスタン、イラクへと報復戦争が拡大した。アラブの春を契機に、リビアやシリアの内戦が激化し、ミャンマーやアフガニスタンの政権がひっくり返って緊張が高まっている。気候変動による食料危機と政治の不安定化による難民が激増し、国境を越えて避難する人々が欧米の先進国に押し寄せている。

さらに、科学技術の発達で安全・安心の未来が約束されていたはずの21世紀は、SNSの普及によってフェイクニュースが氾濫し、ヘイトスピーチが人々を傷つけるようになってしまった。今や、どんな情報を信じればいいのかわからず、安心できる情報だけに飛びつくことでフィルターバブルが生じ、敵意や憎悪がネット上に溢(あふ)れる事態となっている。さらに、2020年からは新型コロナウイルスによる感染症があっという間に世界に広がり、3密(密集、密接、密閉)を避けるために人々の動きは封じられ、息苦しい暮らしを余儀なくされた。コンサートにもスポーツ観戦にも美術館へも行けず、巣ごもりをして暮らし、親しい人の死に目にも会えなくなった。いったいなぜ、こんなことになってしまったのか。人間は進化の歴史のどこかで間違えたのかもしれない。それをゴリラの目で探ってみようというわけである。

ではまず、ゴリラの棲むジャングルという場が持っている特性について考えてみよう。ジャングルは地球の陸上でもっとも生物多様性の高い場所である。高温・多湿で、森の中はいつも暗く湿っていて、おびただしい種類の植物や動物が暮らしている。欧米や日本の北海道のような冷涼な地域の森と比べてみると、生物の種類の多さに驚かされる。それは、ジャングルが豊富な太陽光と水によって生物に必要なエネルギーを大量に供給し、多様な生物が共存できるさまざまなニッチ（生活場所）を備えているからである。また、それらの多様な生物が絶えずバランスを保っていて、どれかひとつの生物が優先しないように互いに牽制し合っているからである。多様であるからこそ、どれかひとつの生物に不具合が生じても、他の生物がそれを補完するので生態系は安定を保つことができる。植物は光合成によって光をエネルギーに変え、水分とともに地中の栄養分を吸収して成長する。葉や果実に虫や鳥が群がり、それを食べる動物がやって来て食物連鎖が成り立ち、植物や動物の遺骸はミミズなどに分解されて土に戻る。人間の祖先もかつてはその生態系の流れの中にいたのである。

現在、地球上にはジャングルと呼ばれる熱帯雨林が大きく分けて3か所ある。南米のアマゾン川流域（450万㎢）、南アジアの半島や島嶼地域（250万㎢）、アフリカのコンゴ盆地（185万㎢）である。このうち類人猿が生息しているのはアジアとアフリカ、人間にもっとも近縁なゴリラとチンパンジーはアフリカだけにいる。なぜかというと、南米にはもともと霊長類は存在していなかった。あるとき、アフリカから流木に乗って渡り着き、アマゾンの浸水林に適応したと考えられている。ここでは雨季になると森林が水浸しになる。だから、ニホンザルのような地上を歩くサルは進化せず、樹上生活だけに適応した。大型の類人猿も登場しなかったというわけだ。

地球が今より温暖な気候に覆われていた2000万年以上前に、類人猿の祖先はユーラシア大陸に広がった。オランウータンとテナガザルはその子孫である。しかし、やがて寒冷・乾燥の気候によって森が分断され、森の外に適応できなかった類人猿は断片化した森に閉じ込められた。今では、テナガザルは東南アジアのジャングルに、オランウータンはボルネオ島とスマトラ島だけに生息している。そして、これらの森にはトラという強力な肉食獣がいたため、テナガザルもオランウータンも樹上生活だけに特殊化した。

一方、アフリカ大陸も寒冷・乾燥の気候によって森が分断され、北と南に砂漠が広がった。さらに、1000万年前ごろから南北7000kmにおよぶ大地溝帯が形成されて東部に台地ができ、西から来る偏西風を中央部の山脈が遮って東部に乾燥した草原を作り出した。森林動物のいくつかの種はこのサバンナへ進出して大型化した。ゾウ、キリン、カバ、バッファロウなどである。これを狙って今より大型のライオンやハイエナ、絶滅したサーベルタイガーなどが草原を闊歩し、サバンナは大型動物の活劇の舞台となった。しかし、大地溝帯の西側のジャングルにはヒョウ以外の大型肉食動物は侵入しなかったので、ゴリラやチンパンジーなど大型化した類人猿は地上に降りて歩き回るようになった。

人間の祖先は700万年前にこれらの類人猿の祖先から分かれ、しだいにジャングルを出てサバンナへと進出したのである。なぜジャングルを離れたのか、どうして危険なサバンナで生き長らえることができたのか、たくさんの疑問が残る。しかし、その秘密は現代の人間、すなわち私たちの身体と心に宿っている。いまだにジャングルで暮らしているゴリラやチンパンジーと比べてみると、人間がいかにしてこの苦難を乗り越えたかが推測できるのだ。しかし、現代人はその強みを忘れかけている。

さて、いささか遠回りの話になったが、私の話の核心はジャングルがすべての生物にとってのコモンズであるということにある。コモンズとは「公共財」「共有財」という意味で、誰もが平等に利用できる資産である。今まで説明したように、ジャングルには多種多様な生物が共存しており、それぞれの種がその特徴に応じてジャングルを利用し、互いに絶滅しないような調和関係を保って生きている。それこそコモンズの原型ではないかと思うのである。

かつて「コモンズの悲劇」という現象が話題になったことがある。これはアメリカの生態学者ギャレット・ハーディンが１９６８年に提唱したもので、何の規制も設けない共有地は人々が寄ってたかって利用し尽くすので資源がすぐに枯渇してしまう、という警鐘である。だから、有償で利用者に所有権を与えるか、民間企業に独占権を与えて管理を託すか、国あるいは自治体に管理させることが必要だというわけである。例として、共有の牧草地にみんなが勝手にウシを連れ込んで草を根絶やしにしてしまうことが挙げられている。この警告にしたがって、20世紀にはとくに発展途上国において国が土地を管理したり、民間委託したり、国策として特定の農業や林業を推し進めたりした。しかし、反論も挙がっている。たとえば、日本各地では伝統的に入会（いりあい）（※注1：P.18）制度が発達していて、土地や資源の共同管理が進んでいる。こうしたところでは「コモンズの悲劇」が起こらなかった。現地の人々の話し合いで資源は枯渇しないように管理できるというのだ。

　たしかに、それも一理ある。でも、コモンズとはそもそもどういう公共財なのか、それを管理するためにどういった配慮が必要なのだろうか。

「共有地」とも呼ぶように、それはもともと土地を指していた。土地は自然環境の性質によってさまざまな制限を受ける。熱帯雨林なら多くの種の生物を賄えるが、そこではたくさんの虫や動物とつき合わねばならない。寒い地方に行けば樹木や動物の種類が少なくなるし、冬には木々が葉を落とし、地表は雪と氷に覆われてしまう。夏と冬でその利用法を大きく変える必要がある。冬眠する動物たちも多い。人間も秋の間に食料を貯め込んで、雪に埋もれた日々を過ごさねばならない。だから、人間の暮らしと文化はその土地の自然の特徴と多様性に大きく依存してきたのである。

　今から1万2000年前に農耕・牧畜が始まるまで、人々の多くは狩猟や採集による移動生活を送っていた。季節によって、あるいは気候変動によって自然の恵みが変われば、豊かな資源を求めて新しい土地へ移動した。そのころまで、人間の身体は他の動物と同じようにその土地の資源で作られていた。人々の数も利用する資源の量も自然の閾値（いきち）を超えることはなかった。

農耕・牧畜が開始されたころ、地球上の人口はわずか５００万人ぐらいだったと推測されている。しかし、それから人間は自らの手で食料を増やし、貯蔵し、その量に応じて人口を増やした。肥料をつぎ込んで生産量を増やし、交易を通じて他の地方と食料を交換し、ついには自然界にはない食料をも生産できるようになった。18世紀に起こった産業革命によって石炭火力などを使った新しいエネルギーを手に入れ、さらに生産力を向上させて人口を増やした。現代は情報革命によってグローバルな世界が広がり、物と人の移動速度やその範囲が急速に拡大され、80億という途方もない人口を抱えるようになっている。

その結果、コモンズという概念が土地と切り離されるようになった。もはやそれぞれの土地の自然環境は人々の暮らしを制限する条件にはなっていない。食料も生活必需品も外から買い入れればいいので、お金という資産を持つことが重要になった。川や海を埋め立てれば土地は増えるし、高層ビルを建てれば生活空間は広がる。近代技術の粋を凝らした人工物に囲まれて暮らせば、自然の変化やわずらわしさにつき合わずにすむ。そういった都市型の生活が主流になって、人々はしだいに自然と疎遠になり、隣人たちと共同生活を営むことも忘れて、ひたすら個人の安全・安心と快適さを追求するようになったのである。

しかし、それが突然見直しを迫られる事態が生じた。新型コロナウイルスによるパンデミックである。いくつかの国ではロックダウンをして人々の動きを止め、日本でも3密を避けるために集会や飲み歩き、不要不急の出張を抑制するようになった。そこで気がついたのは、生活に必要なものの多くを外部に頼っている現実である。感染が広がったとき、マスクさえ手に入らなかったのだ。各国が国境を閉鎖する中、食料自給率が40%を下回る日本で人々が自活できるのかという不安が広がった。

私が住んでいる京都でも、観光客が来なくなって多くの旅館や土産物店が営業不振に陥り、地下鉄や市バスが赤字になって財政危機を迎えた。これまでいかに京都が外部からの訪問客に頼ってきたかがわかる。都市は立地する自然資源に依存せず、あらゆるものを外から調達する。だから、それを生産してくれる地方が不可欠となる。その分業体制が日本国内だけでなく世界に広がったので、危機の際に日本の自立が危ぶまれるようになったのだ。都市の人口が膨れ上がると、それを賄うための経済力が必要になる。そのため国は生産性と効率を高めて経済を成長させようとする。利用できる資源が減れば、いきおい手のつけられていない自然資源を利用せざるを得なくなる。こうして世界の熱帯雨林はどんどん牧草地や畑地に変わり、野生動物の棲む森林は人工林も含めて世界の陸地の3割に減少した。近年の気候変動も新型コロナに代表されるパンデミックも、人為の大規模な介入によって自然のバランスが崩れたことが原因である。

私たちはもう一度、ジャングルの生態系と狩猟採集時代の共存の原理に学ぶ必要がある。それは、自分が暮らしている土地と自然、そしてそこで育まれてきた文化に目を向けることである。かつて、人間が自然の一部だったころ、そこではあらゆるいのちといのちが直接、間接に関係を持ち、バランスを保って共存していた。人間が地球環境を破壊し、そのしっぺ返しを受けている原因は、土地や自然を人間だけが利用できるものに作り変えてしまったことにある。さらに、そこに人工的なものを大量に持ち込んで自然と文化のバランスを崩した。多様性の宝庫であった熱帯雨林を牧草地に変えて、野生動物と共存していた細菌やウイルスを変異させ、家畜を通じて感染を広げた。二酸化炭素などの温室効果ガスを大量に排出して気候変動を招き、化学物質によって大気や河川や土壌を汚染させ、プラスチックをはじめとする分解不能なゴミ、さらには原発事故による放射能をまき散らしている。地球の生態系を成り立たせるのに必要な大気、水、土地が汚染されて、しだいに利用できなくなりつつある。

ジャングルの知性に立ち返れば、地球のコモンズとは生物が多様に共存する生態系のことである。科学技術はそのコモンズを利用し尽くして枯渇させるためにではなく、それを維持しながら賢く利用することに使わねばならない。今まさに、私たちはコモンズをどのように使うべきか、どう管理すべきかを考えなければいけない文明の転換期に立っているのである。

（※注1）入会制度：村落共同体などが主に山林を共同所有し、樹木、山菜、キノコなどの恵みを共同利用する制度。現在も日本各地に残っている。

第1章

遊動の自由を復活させて生かす時代が来た

現代はコモンズとシェアによる遊動の時代

私たちは、すでに新型コロナウイルスの数回にわたる感染症の波を体験している。それを抑えるために緊急事態宣言が出され、3密を避けるためにあらゆる努力が向けられた。そこで人々がもっとも不自由さを感じたのは、動きを封じられたことだったと思う。巣ごもり生活を強いられ、職場や学校へ行けず、親しい人にも会えず、オンラインで顔を見てしゃべるだけの生活とはこんなにも苦しいものか、と誰もが感じたに違いない。

それは、人間の社会が3つの自由によって作られており、緊急事態宣言がそれを封じる結果になってしまったからである。3つの自由とは、動く自由、集まる自由、語る自由である。人間は毎日動いて、さまざまな集まりに顔を出し、そこで語り合うことによって生きる喜びを得る。「出会い」によって新しい「気づき」を得ることが生きるうえでは必要なのだ。もちろん、人間以外の生物もこの3つを重要な核として暮らしを組み立てている。だいいち食物を得るためには動かなければならない。動けない植物だって花を咲かせて虫を引き寄せ、おいしい果実をつけて鳥やサルを呼び寄せる。それぞれの生物には、動き方、集まり方、コミュニケーションの方法がある。人間はそのやり方を拡大したのである。

人間と系統的に近縁なサルや類人猿とを比べてみると、人間がいかにこの3つの自由を拡大させてきたかがわかるだろう。サルも類人猿も年間に動く範囲が決まっている。熱帯や亜熱帯の森で暮らすサルたちはせいぜい1㎢の範囲を動き回って暮らしている。草原や日本のような雪の上で暮らすサルはもう少し広く30㎢におよぶことがある。これは食物の量や分布によってそれを探す地域の広さが決まってくるからである。熱帯雨林は年中緑の葉が茂り、どこかで熟した果実がなっている。でも、森の外では乾季が長くなって、木々が葉を落とし、果実を得られない季節が来る。とくに、日本の冬は木々が雪に埋もれ、ニホンザルは冬芽や樹皮、雪に埋もれたドングリなどを探しながら、広く歩き回らなければならない。クマのように冬眠できず、シカやイノシシのように何でも食べられる胃腸を持っているわけではないところが、サルのつらいところだ。

ゴリラやチンパンジーなどの類人猿はサルよりずっと胃腸の働きが弱いので、熟した果実が豊富な熱帯雨林から離れられない。サルよりは広い範囲を動き回っているが、それでも年間20㎢ほどである。同じ森に住むピグミー系の狩猟採集民は年間100㎢以上、サバンナで暮らすブッシュマンと呼ばれる狩猟採集民は数百㎞²、ときには1000㎞²におよぶ範囲を歩き回って暮らしているのである。

集まりへ参加する自由度も人間はサルたちとは大きく異なる。群れを作るサルたちは群れへの帰属意識を強く持ち、めったに群れから離れない。ニホンザルのメスは生涯自分の生まれ育った群れから離れないし、オスは群れから群れへ渡り歩いていくが、いったん自分の群れを離れたら元の群れにはなかなか戻れないし、他の群れに入るときには先住者のオスやメスたちのご機嫌をうかがって控えめな態度をとる。受け入れられても、しばらくはオスの間で最下位の順位に甘んじるのがふつうだ。

ゴリラやチンパンジーはサルとは逆で、メスだけが群れを渡り歩くことができる。群れに受け入れられるのは乳児を持たず、発情可能なメスだけで、乳飲み子を抱いて移籍すると子殺しにあう危険がある。これは、類人猿の授乳期間が長く、授乳中は発情しないので、オスは他のオスとの間にできた乳飲み子を殺して母親の発情を早め、自分の子どもを残す機会を増やそうとする進化上の戦略だと解釈されている。

一方、オスは決して他の群れには入れない。だから、ゴリラのオスは自分の群れを出て

雪の積もる地に霊長類は珍しく、ニホンザルは「スノーモンキー」とも称される。写真は長野県の志賀高原。日本は先進国で唯一、人間以外の霊長類が生息する国である。

から単独生活を送り、他の群れからメスを誘い出して自分の群れを作る。チンパンジーのオスは生涯自分の生まれた群れを離れず、血縁の近いオスたちと連携して暮らす。他の群れのオスとは敵対的で、地域によっては群れどうしで殺し合いに発展することさえある。これらのサルや類人猿に比べて人間は集団の出入りに関して許容度が高い。私たちは毎日複数の集団に出入りして暮らしており、それぞれの集団で違う顔を持っている。それは都会の多層的な社会に限らない。どこへ行っても、家庭の顔や職場の顔、違う集団の仲間とのつながりや役割によって複数の顔を持つことに変わりはない。いったい、いつ、こんな自由度が人間の社会に生まれたのか。これは間違いなく、人間の社会の本質を示す力に違いない。

さらに、人間は言葉という他の生物にはないコミュニケーションの道具を持っている。言葉は重さがないからどこへでも持ち運べる。時間と空間を軽々と超越して、遠くにあるものや出来事、過去に起こった事件を物語にして伝えてくれる。だから私たちは自分が経験していない物事を伝え合って知識や知恵を増やすことができる。他の人々の体験を通じて自分にとって新しい出来事にも対処することができる。言葉は人間の可能性を大きく広げたのである。最近の科学技術はその通用範囲を拡大した。今から５０００年前に文字が登場し、１５０年前に電話機、そして40年前にインターネットが現われて、画像や映像を用いてさまざまな情報を伝えることができるようになった。語る力はますます増強しているのである。

だから、これまで拡大路線を歩んできた３つの自由が奪われたとき、閉塞感を強く感じるのは当たり前なのである。いやいや、オンラインで語る自由は保障されているし、時間もコストも大きく削減されたのだからそれほど困ることはない、という人もいるだろう。しかし、果たしてそうだろうか。人間にとって３つの自由はセットなのである。動けず、集まれず、語るだけでは気づきは得られない。人間は身体の動きと他者との共鳴がともなってこそ、語りが生きてくるからである。それには場所と時間を共有しなければならないし、何より共鳴できる環境と仲間がいなければならないのだ。

事実、新型コロナウイルスによる外出自粛が収まったら、人々は一斉に動き始めた。オンラインの効用もわかったので、オンラインとハイブリッドで集まりを企画することも多くなった。しかし、私はこれから人々がいろいろな規模で動きを強めるだろうと思っている。それが人間の本性であり、グローバル時代を迎えた現代の人々にとって必然の成り行きだからである。それを私は「遊動の時代」と呼んでいる。そして、面白いことに、この時代は科学技術を使って狩猟採集時代の精神に戻ることを結果するのではないかと予想している。ひと言でいえば、「シェアとコモンズを再考する時代」ということである。

チンパンジーとの共通祖先と分かれてから、人類は700万年間も狩猟採集生活を送ってきた。いや、そのほとんどは採集生活だったといっていい。最古の槍（やり）は50万年前だし、大型獣の狩猟は5万〜6万年前にアフリカ生まれのホモ・サピエンスがユーラシア大陸に進出してからである。ましてや、農耕や牧畜という食料生産活動が始まったのは今から1万2000年前であり、人類の進化史の1％にも満たない。現代に生きる私たちの身体にも心にも採集民時代に獲得した能力や特徴が色濃く残っているのである。好例が糖尿病などの非感染性の疾患で、これは現代人がかつてのように歩かず、炭水化物や脂肪を多く摂りすぎる結果として起こる。

さて、狩猟採集社会に特有な精神世界とは何だろうか。移動生活とは、集団の規模を小さくして、所有物をなるべく減らし、互いにシェアし合い、平等な関係を保つということである。私は長年アフリカの熱帯雨林でゴリラを調査しながら、そこに住むピグミー系の狩猟採集民の人々とつき合ってきた。彼らは今でこそ保護区の外で定住生活を強いられているが、つい最近まで森の中で移動生活を送ってきたし、場所によっては今でも移動して暮らしている。森の中に作る住居は、灌木（かんぼく）を地面に突き立てて曲げ、つるを周囲にめぐらせてクズウコンの葉で覆う簡単な作りで、30分もあれば完成する。持ち物は調理に必要な鍋やナイフ、それに狩猟に使う槍、弓、網、山刀で他の必要なものは何でも森で手に入れる。木を切ってきて椅子やテーブルを作り、大きな葉をお皿代わりにする。身体は毎朝川で洗い、トイレは森ですれば、すぐさま虫たちが分解してくれるので、極めて衛生的な生活だ。それでも1か所に長居すると寄生虫が湧くし、何より採集できる野生の食物が不足する。そこで、数日から数週間で場所を替え、好適な場所を求めて移動していくのである。

彼らの生活で徹底しているのは、すべてを分配し、共有することである。捕ってきた獲物やヤムイモなどの採集物はみんなの前で広げて各家族に分配する。分配のやり方は事細かに決められていて、必ずすべての仲間に行き届くようになっている。自分の狩猟具をあえて使わず、互いに貸し借りして使う。大きな獲物を捕ってきても、決して威張らず、む

1990年、コンゴ民主共和国カフジでのキャンプ。著者（左端）の調査は地元住民とともに行ない、ゴリラの保護活動やエコツアーの開発も念頭にあった。

身長が成人男性でも150cmほどのピグミー系の狩猟採集民の住居。森を移動しながら暮らし、共同体で死者が出ても墓を作らないこともあるという。

しろ大した獲物ではないと恐縮して見せる。これら狩りの功勲を個人が独占しない態度は一貫して仲間の間で権力を作らず、互いに平等な関係を維持しようとする努力の反映であると解釈されている。

では、それがいったい現代のどんな現象に対応するのか。それは、現代の人々が定住する根拠を失い、複数の拠点を持ちながら旅を好み、シェアをしながらしだいに所有価値を使用価値に転換していく傾向にあることと対応していると思う。世界では環境の悪化や政治的混乱によって故郷を追われ、難民として移住していく人々が急増している。そういったマクロな動きも無視できないが、ここでは日本国内のミクロな動きを例にとって考えてみよう。

明治以来150年たって、当時の富国強兵策で都市に集められた人々はもう4世代目を迎えた。彼らはすでに故郷を持たないし、今住んでいる場所にこれからも子孫が住み続けるとは見なさなくなっている。若者たちは自由に住む場所を選び、気に入らなければ移っていく時代なのだ。親子や親類縁者たちのつながりも薄れ、冠婚葬祭を大規模にやらなくなったおかげで血縁の紐帯(ちゅうたい)が弱くなった。しかも、非正規雇用が40％に迫り、会社に対する忠誠心も希薄になった。今や新入社員の3割が3年以内に離職する。地縁、血縁、社縁という、これまで人々をつなぎ止めてきた関係が意識されなくなってきているのである。その結果、これまでの単業から複業、兼業へ、単線型人生から複線型人生へと若い世代の人生計画は変わりつつある。ひとつの会社に終生勤め上げるよりも、自分の能力に合った職場を選び転職したり、いくつかの職業を同時にこなしたりする。定年後にやろうとしていた趣味も若いうちに始めて、労働ばかりでなく楽しめる時間を増やす。老後のためにお金を貯めるより、今を楽しむためにお金を使う。そして所有物を増やすより、シェアをしてコストを下げ、使うことに価値を見出す。今、インターネットに溢れているのはそういったシェアできる物、転売したい物の情報である。いくら所有物を増やしても、使わなければ意味がない。置く場所も限られている。しかも、自由に動くためには所有物はかえって邪魔になるというわけだ。現代の交通システムや配送システムがそれを後押ししている。安価な空の旅やパッケージ旅行が増えて、気楽に日本中を旅行できるようになった。物流が加速されて、どこでも必要な物が手に入る。手ぶらで旅をして、現地調達すればいい。これは狩猟採集民の生活といっしょである。

であれば、コモンズを増やして、平等な社会関係を構築していこうという狩猟採集民的な精神世界が広がるのではないか、と私は予想しているのである。日本は人口縮小の傾向を強め、これから過疎の地域が広がる。これはむしろ社会にとって好機ではないかと私は思う。全国で８４０万戸もある空き家を整備すれば、若者たちに安価な住居を提供できる。科学技術を使えば遠隔医療も可能だし、ドローンで生活物資はどこにでも届く。複数の拠点を転々としながら、多様な暮らしを謳歌（おうか）できる。これからは、都会のような密集を避け、人々が小規模な集団を訪ね歩き、それをネットでつなぐ時代なのである。

新型コロナウイルスによるパンデミックは、こういった人間の本質を暴露し、それに基づく新しい暮らし方を提示したのではないだろうか。私たちは今までに手にした科学技術を賢く利用しながら、この遊動の時代に対処しなければならないのである。

人類はパラレルワールドを生きてきた

今、メタバースという仮想空間の利用が広がりつつある。インターネット上に現実にはない仮想世界を出現させ、そこでアバターを通してさまざまな体験をする。これまでのヴァーチャルリアリティ（VR）は現実を模倣し、そこでまだ体験していないことを学んで現実の世界に応用することを目的としていた。しかし、メタバースは現実とは異なる世界を好き勝手に描くので、いわばゲーム的な拡張世界である。タイムマシンに乗って過去の時代に戻ったり、宇宙空間に飛び出してみたりすることも可能だ。

ただ、仮想空間でリアルな体験ができるようになると、それが心身におよぼす影響が心配だ。私はゴリラの世界と人間の世界を往復して暮らしていたことがある。自身を一頭のゴリラとして認めてもらうために、表情やしぐさ、歩き方や食べ方まで模倣した。おかげで人間の世界に戻ってきたとき、ゴリラのしぐさが身についてしまったために、人間がせせこましく見えた。言葉での会話もうまくできなかったことを覚えている。

異世界を体験したいという願望は、古い時代から人類が抱き続けてきたものだ。それは、最初の人類の祖先が熱帯雨林を出てサバンナへ進出し、直立二足歩行によって行動域を拡張したときに始まる。森林からサバンナへ出ていった動物たちは、地上性の肉食動物への対処をしなければならなかった。身体を大きくしたり、素早く逃げる能力を身につけたりしたのである。サバンナで暮らすゾウやキリンは森林にいる近縁種より格段に大きいし、ヒヒやサバンナモンキーは走力に優れている。しかし、人類の祖先は身体を大きくすることも走力を高めることもしなかった。逆に、二足で立って歩くことで、敏捷性も走る速度も落ちたと考えられるのだ。では、どんな能力を発達させたのか。

それは、想像力と企画力、それに共感力に基づく協力である。祖先たちは直立二足歩行で広い範囲を歩き回り、自由になった手で食物を安全な場所に運んで、仲間といっしょに食べた。山、谷、川、湖、草原、疎開林といった環境で、手分けして食物を探した。待っている人々は遠くへ出かけていった仲間がどこで何をしているかを想像し、直面する危険に備える企画力が必要となった。体力の乏しい者たちが信頼し合い、協力することで生き延びる機会を増やしたのだ。異世界への想像力はこうして芽生えた。

次の段階は、人類の祖先が次々に新しい土地へと移住していく時代である。移住先から元の集団に戻ってきた人々は、持ち帰った品々で仲間の想像力を膨らませた。だが、アフリカ大陸を出てユーラシア大陸へと分布を広げるにしたがい、人類は新しい土地へ適応し、元の集団とのつながりを持たなくなった。20万〜30万年前にアフリカに登場した現代人サピエンスはオーストラリア大陸、南北のアメリカ大陸へも進出したが、その様子をアフリカにいた母集団の人たちが知り得たとは思えない。この時代は、人類が多様な地域に分かれて居住し、それぞれが近い集団間で連絡を取り合っていたものの、自分の住む世界とは全く異なる地域への想像力は働かなかったと思われる。

それを一気に変えたのは言葉の登場である。7万~10万年前に発明された言葉によって、見知らぬ遠くの出来事を伝え、自分が住んでいる土地とは全く異なる環境についても想像力をめぐらすことができるようになった。そうはいっても、見たこともない世界を言葉だけで表わすのはやはり限界がある。熱帯のジャングルで暮らす人々には、氷に閉ざされた世界や海の世界を想像することは難しかっただろう。パラレルワールドにはまだ想像力の限界があったのだ。

だが、言葉にはもうひとつの機能があった。それはアナロジー(類推)である。本来違うものをいっしょにする力で、人間をライオンに変えたり、カエルが人間になったり、人魚が現われたりする。この力を駆使して虫の世界を想像してみたり、イルカになったりして海の世界を探検したような気分を味わうことが可能になった。言葉の登場後に彫刻や壁画が数多く現われるのは、このアナロジーの力である。どの国の昔話でも人間以外の動物たちが登場して人間の言葉で話すし、動物に変身する話も多い。京都の高山寺（こうざんじ）にある12～13世紀に作られたといわれる鳥獣戯画は、サルやウサギやカエルが演じる立派なパラレルワールドといえる。

さらに、言葉によるアナロジーは憑依（ひょうい）する力と宗教を生み出した。現実とは違う世界を頭の中で作り出し、異世界からのお告げや神の言葉を伝える霊能者が現われた。ある種の薬草やお酒がそのために使われたことは間違いない。フランスのラスコーやスペインのアルタミラの壁画に見られるように古い時代の壁画が洞窟の奥に作られたのは、火に照らされる神秘的な空間がそこにあったことを物語っている。また、トルコのギョベクリ・テペの遺跡は、定住生活や農耕が始まる前に宗教的な儀式と建造物があったことを示唆する。穀物の栽培よりもビールの製造のほうが先だったとも思われるのだ。古代人は酒を飲みながら、異世界に遊んでいるような心持ちで巨大な遺跡を作ったのかもしれない。酩酊（めいてい）はパラレルワールドへのパスポートだったのだ。

文字が登場したのは今から5000年前で、巨大文明が成立したころと時期を一にする。文字は王の由来や権勢を讃える大きな物語を示すのに役立ったし、人伝て（ひとづ）に聞くのと違って誰もが同じ事実を受け取る効用がある。おそらく、多くの人々を束ねて同じ目標に向かわせるために、そして人々が同一の規則を守って交流するために、文字で記された契約が必要になったのだろう。3000~5000年前は人類の歴史上もっとも集団間の暴力で死ぬ頻度が高まった時代でもあり、その時代を経て世界の三大宗教（キリスト教、イスラム教、仏教）が生まれたのは示唆的である。おそらく、大都市に多数の人々が集まり、トラブルが絶えなくなって乱暴な行為を律する倫理が生まれた。しかし、君主の武力と財力だけでは多くの人々を律しきれない。そこで、宗教という現実の力では壊すことのできない虚構の権威が必要になったのである。

多くの宗教は「あの世」というパラレルワールドを作り、この世の行ないがあの世の幸福につながるという物語を紡いだ。この仕組みは今でも生きており、現代に生まれる新しい宗教もあの世の救いを説くことが多い。多くの宗教は、聖書やコーラン、仏典のように文字でその教義が伝えられている。ただ、約束されているあの世は生きた身体で行くことはできないし、盆に祖先の霊が戻ってきたとしても、あの世の様子を話してくれるわけではない。

あの世のような桃源郷への夢を現実にしてくれたのは、異郷へ出かける冒険者たちの登場だった。マルコ・ポーロの『東方見聞録』に載った日本は「黄金の国」と呼ばれ、金でできた宮殿が立ち並ぶ都とされた。コロンブスはそれを目指して大西洋に船出し、日本を見つけられなかった代わりに新大陸を発見したというわけだ。アフリカのニジェール川流域のトンブクトゥもイスラムの商人たちから「黄金郷」と伝えられ、ヨーロッパ人の憧れの的となった。これらの記録には誇張が含まれていたが、それだけヨーロッパ人の心には金銀財宝が眠る豊かな土地が海外にあるに違いないという気持ちが強かったのだろう。この時代は、危険を冒せば到達できるパラレルワールドが現実にあるという期待が人々の心に植えつけられた。そしてそれらの冒険譚(たん)はジョナサン・スウィフトの『ガリバー旅行記』などの小説で誇張され、人々の夢を広げた。

19世紀は、多くの探検家が競って未知の世界へ旅立った大探検時代である。アフリカ大陸横断に成功したリヴィングストン、アマゾン流域を踏査したハーンドン、ゴビ砂漠でさまよえる湖を発見したヘディンなどが有名だ。アフリカの熱帯雨林でゴリラが新種として報告され、その出会いを記録したデュ・シャイユによる『赤道アフリカの探検と冒険』が

スヴェン・ヘディン（1865〜1952）が来日した際に持参した自筆のチベットの絵を日本の画工が複写。『探検家ヘディンと京都大学』（京都大学学術出版会）より。

鳥獣人物戯画の一部。単に「鳥獣戯画」とも呼ばれる。京都市栂尾の高山寺が所蔵し国宝に指定されている。写真／国立国会図書館

出版されたのも19世紀中ごろである。温帯の穏やかな気候に慣れた欧米の人々は、これらの探検記録に驚きの目を広げるとともに、珍奇な動植物に目を見張った。ゴリラをはじめとする熱帯の珍しい動物が欧米に運ばれて動物園が次々にできた。この時代は、パラレルワールドがさらに身近な存在として感じられるようになり、ひょっとしたら自分も体験できるのではないかという期待が生じたと思われる。

だが、これらの探検記や冒険譚は誇張や間違った記述が見られるものの、あくまで現実の体験談に根差していた。それが変わり、現実にはあり得ない虚構として人々を惹きつけるようになったのは、19世紀から20世紀にかけての小説と映画の隆盛である。ヒュー・ロフティングによる動物と話ができるお医者さんの旅行記『ドリトル先生』シリーズ、恐竜たちが現代によみがえるコナン・ドイルの『失われた世界』、そしてフェリックス・ザルテンによる小鹿の成長物語『バンビ』である。バンビは人間のように母親と言葉を交わし、その物語はディズニー社によってアニメーションの映画となった。

ここに重要な転機が訪れる。じつは19世紀後半から20世紀前半にかけてダーウィン進化論の人類への適用をめぐって、文化人類学者が強く反論していた。動物の進化論を人間に当てはめて社会や文化を論じてはいけないというのである。合わせて動物を人間のように表現することも学問の世界では固く禁じられ、動物の行動を人間的に表現することは擬人主義と非難されるようになった。ところが、一般の人々の間ではディズニー映画のように、動物も人間と同じような感情を持っていることが表現されるようになった。ゴリラをモデルにした『キングコング』が製作されたのもこのころである。人々の意識はだんだんと動物と人間の境界をはずして、動物界を人間世界のように見なし始めたのである。

その後、コンピュータ・グラフィックスなどの技術の発達で、まるで本物のように見える仮想映像が可能になった。1960年代に登場した『2001年宇宙の旅』、『猿の惑星』はその先駆けである。映画の中では時空をはるかに飛び超えることが可能になった。日本でも『ゴジラ』のシリーズが人気を呼び、手塚治虫がマンガやアニメの世界で巧みにパラレルワールドを描き始めた。鳥獣戯画にそのルーツを持つ日本のマンガ界はしだいに世界で実力を発揮するようになる。宮崎駿や新海誠のアニメなど現在世界中で人気を博すのは、高度な画像技術だけでなく人と動物や妖怪たちが行き来する独特な世界観である。それを小説の中で見事に描いたのが村上春樹である。『ねじまき鳥クロニクル』や『1Q84』

など主人公は現実とは異なる世界に迷い込む。しかし、面白いのはそこから脱出して現実の世界に戻ることだ。月がふたつある異世界は現実の世界ともつながっている。その世界観に、あの世は決して体験できないと思い込んできた一神教の人々が魅力を感じ始めている。

こうした移行可能な世界観は、遊動と複数居住を好む傾向とが重なって今後さらに拍車がかかっていくのではないかと私は思う。アフリカでゴリラと暮らした私はいつも異世界と往復する日々を送っていた。映画やVRを用いなくても、複数の異世界に身を置くことは可能である。何も相手が動物でなくてもいい。交通システムが発達した現代では、短時間のうちに異文化の土地を往復することが可能だ。ひとつの世界に閉じ込められ、そのしがらみにがんじがらめになっているより、違う自分を演じられる複数の根拠地を持ったほうが生きやすい。そのスケールはさまざまでも、そう考える人が増えているのではないか。

今、パラレルワールドはいたるところにある。ディズニーランドやUSJはその一例に過ぎない。物理的に移動しなくても、インターネットの中で異世界に棲むのがメタバースなのだ。そして、もはや私たちは誰もが、パラレルワールドを意識し始めているのではないだろうか。

人類の進化とは弱みを強みに変えてきた歴史

現生人類はホモ・サピエンス＝賢い人という種名を与えられ、万物の霊長である霊長類の中でももっとも高い地位を与えられてきた。キリスト教やイスラム教をはじめとする世界に普及している宗教は、この地球を管理する権利と義務を神が人間に与えたと見なしてきた。長らく人類の進化はこの地球上の動植物を支配するにいたった英雄の歴史であり、現代人は生命の頂点に立つ存在だと謳(うた)われてきた。

しかし、私たちが経験してきた新型コロナウイルスとの3年間は、その考えが間違っていたことを教えてくれた。この地球にはまだ私たちの知らない細菌やウイルスがたくさん存在している。北極の氷床の下にも、1000mを超える深海の底にも、大小のウイルスが活動していて、多くの生命体とさまざまな関係を結んでいるのだ。

ウイルスは感染症を引き起こして悪さをするだけではない。生命体に取りついてその遺伝子の一部になり、その生命体の生存力を高めることもある。それは、遺伝子が親から受け継がれるというアルゴリズムを超える仕組みであり、生物の多様性を作り出す原動力になってきたからである。事実、多くの生物にはウイルス由来の遺伝子が埋め込まれており、人間の遺伝子の8％はウイルス由来とされている。ウイルスは人類が多様な環境に適応し、世界中に足を延ばすために役立ってくれたのかもしれないのだ。

さて、そういった観点から人類の進化の歴史を見直すと、じつは人類は英雄ではなかったことがわかる。人類は弱者として出発し、その弱点を強みに変えることで多くの課題を解決し、これまで他の霊長類が経験したことのない環境へと進出することができたのである。それは現代の私たちが持つレジリエンス（危機を生き抜く力）につながっている。

人類の祖先は、アフリカの熱帯雨林の中で類人猿の一種として誕生した。今から2000万年前、気候は温暖で熱帯雨林は今より大きく広がっていた。アフリカの熱帯雨林には多種の類人猿が生息し、サル類はほんのわずかな種類しかいなかった。ところが、地球環境が寒冷化し始めると熱帯雨林が縮小し、小さく分断されて草原が広がり始めた。しだいに類人猿は数を減らし、代わりにサル類が優勢になった。今のアフリカでは、類人猿はたった4種（ヒガシゴリラとニシゴリラ、チンパンジーとボノボ）しか生き残っていないのに、サル類は80種以上も生息している。類人猿はサルとの競合に負けて追い詰められてきたというのが実態なのである。人類の祖先もその一種であり、アフリカの熱帯雨林を離れたのもその競合を避けるためだったのかもしれない。

では、サルに劣る類人猿の弱点とはいったい何だったのだろう。ひと言でいってしまえば、胃腸の弱さと繁殖力の低さである。動物は植物繊維（セルロース）を分解する消化酵素（セルラーゼ）を持っていない。それを持っているのは細菌類（バクテリア）だけで、植物を食べる動物たちは胃や腸にバクテリアを共生させて分解してもらっている。好例がウシ類で、胃酸を弱めて胃の中に大量のバクテリアを棲まわせ、何度も反芻しながら食物を消化する。だから、ウシの糞は完璧に消化されたどろどろの液体状になる。サル類も胃や腸に多量のバクテリアを共生させているので植物繊維を難なく消化できる。

植物にとって葉は光合成をする器官だから食べられたら困る。そのため、硬い植物繊維で防御しており、消化阻害物質や毒物を仕込んでいるものもある。フルーツも種子の準備ができないうちに食べられたら困るので、未熟果にはタンニンやリグニン、アルカロイドが含まれていることが多い。バクテリアはこういった化学物質も分解してくれるので、サル類は大量の葉や未熟果を食べることができるのである。

ところが、類人猿は腸にしかバクテリアを共生させず、その量が少ない。そのため、葉を大量に食べることができず、未熟果にも手を出せない。いろんな種類の葉を少しずつ食べて、化学物質の蓄積を避けねばならない。完熟した果実しか食べられないから、熟する前にサルに食べられてしまう。そのため、類人猿は森の中を広く歩き回って食べられる食物を探さねばならなくなり、気候が寒冷化して森が小さくなると食物不足に悩むようになったと考えられるのだ。

人類もこの類人猿の胃腸の弱さを継承しており、野生の植物を生ではたくさん食べられない。硬い葉を噛み砕けないし、えぐい味や渋みに閉口する。だからこそ、水に浸けたり火を用いたり、調理をしたりして植物の防御壁を取り除く技術が発達した。軟らかく口にやさしい野菜を栽培し始めたのも、胃腸の弱みをカバーするためだったのである。

もうひとつ、繁殖力の弱さは致命的である。霊長類のメスは授乳している間は妊娠できない。お乳の産生を促すプロラクチンというホルモンが出て、排卵を抑制するからである。でも赤ちゃんがお乳を吸わなくなると、自然にお乳が出なくなり、プロラクチンも止まって排卵が回復する。類人猿の赤ちゃんはゴリラでは3～4年、チンパンジーで5年、オランウータンでは7年もお乳を吸うので、この間は妊娠できない。その結果、4〜9年に一度しか子どもを産めない。しかし、サルの赤ちゃんは半年からせいぜい1年で離乳するので、少なくとも2年に一度は子どもを産むことができる。そのため、気候変動などで個体数を減らすと、サルに比べて少産の類人猿は回復するのに時間がかかる。こうして、類人猿はしだいに数を減らし、サル類が優勢になったというわけだ。

人類の祖先も類人猿の子どものように成長に時間がかかるという特徴を受け継いだ。しかし、離乳の時期だけはサルのように早めることに成功した。現代人の赤ちゃんは1歳前後で離乳してしまうし、はるか昔に暮らしていた化石人類でも離乳が早かったようだ。これはおそらく、人類の祖先が熱帯雨林を離れて草原へと進出したことに起因する。草原に適応するために多産になったのである。森の中には樹高の高い木がたくさん生えているので、地上性の肉食動物に狙われたら木に登ればいい。事実、類人猿は木登りがうまく、体重の重たいゴリラでも夜は樹上にベッドを作って眠ることがある。

ところが、草原では木が少ないので、安全な場所は限られている。初期の人類は肉食動物に子どもを捕食され、絶滅する危機に直面したのだろう。餌食になる動物の対抗戦略は

生後３か月ほどの赤ちゃんを抱く母親。乳離れを始めると母親は父親の前に子どもを置いて預ける。ゴリラは子育てのバトンタッチが早い。

森の中を移動するゴリラ。リーダーのシルバーバックは列の最後尾から群れを見守るように歩く。前方には子どもを背負うメスが見える。

多産になって子どもを補充することだ。それにはふたつの方法がある。一度にたくさん子どもを産むか、出産間隔を縮めて何度も産むかである。霊長類は基本的に一産一子なので、人類の祖先は後者の道を選択した。離乳時期を前倒しにして、出産間隔を縮めたのである。

しかし、困ったことが起こった。離乳時期は早めたものの子どもの成長期間は縮められない。類人猿の子どもは離乳したときにはもう永久歯が生えていて、おとなと同じ硬いものが食べられる。でも人間の子どもは6歳ぐらいにならないと永久歯が生えないので、離乳しても華奢（きゃしゃ）な乳歯で硬いものは食べられない。そこで、この時期の子どもに熟した果実など軟らかいものを食べさせる必要が生じた。その課題をどうやって人類は解決したのか。

それが直立二足歩行という変な歩行様式だったのではないかと考えられている。これは700万年前に人類がチンパンジーとの共通祖先から分かれた直後に身につけた特徴で、人類らしい特徴としては最古のものである。だが、二足歩行は四足歩行に比べて敏捷性にも走力にも劣るため、なぜ人類だけに発達したのか不明だった。最近、直立二足歩行は時速4㎞ほどのゆっくりした速度で、長距離を歩くときにエネルギー効率がいいことがわかってきた。さらに、自由になった手で食物を運んだのだろうという仮説が有力になった。

類人猿もたまに食物を分配することがある。分配するのはゴリラでは希少な果実、チンパンジーでは肉であることが多いが、仲間から要求されなければ分配しないし、食物を運んできて自分から分配することはまずない。しかし、人間はわざわざ食物を運んで積極的に仲間に分配し、いっしょに食べる。この共食という習慣は世界のあらゆる民族に見られ、分配する相手は血縁や親しい仲間だけでなく、見ず知らずの他人にまでおよんでいる。食物をけちる者はどこでも非難されるのが慣習となっている。それは、共食が人類の初期の祖先の時代に培われた社会性であって、現代でも身体に埋め込まれているからではないだろうか。すなわち、初期の人類は多産性を獲得しても子どもの成長を速めることをせず、直立二足歩行を用いて安全な場所に隠れている子どもたちに食物を運んだからこそ、肉食獣が闊歩する草原で生き残ることができたのである。

この長い成長期の温存は、その500万年後に人類の脳が大きくなり始めたときに大きな効力を発揮するようになった。人類の脳は今から200万年前に大きくなり始めた。しかし、それまでに直立二足歩行が完成していたので、骨盤が皿状に変形し、その中にある産道を広げることができなかった。その結果、大きな脳を胎児のうちに育てることができず、小さな頭の赤ちゃんを産んで、生後急速に脳を成長させることになった。ゴリラの赤ちゃんは4歳で脳が2倍になっておとなの脳の大きさに達するが、人間の赤ちゃんは生後1年間で2倍になり、12～16歳まで成長を続けてゴリラの3倍の脳になる。ゴリラの赤ちゃんの重さは1・6kgなのに、人間の赤ちゃんが3kgを超えるのは脳の急速な成長を支えるために体脂肪率が高いからだ。さらに、人間の子どもはエネルギーの大半を脳の成長に回すので、身体の成長が遅れる。人類の祖先は類人猿から引き継いだ長い成長期をさらに延長させ、分担して食物を運んで共食をすることによって脳の拡大を実現したのである。

こういった人類独自の進化の歴史の中で新たな社会性が発達した。それは、共感力を高めて仲間のために尽くすという性質である。そもそも熱帯雨林を出た初期の人類が草原を遠くまで歩き回って食物を探し、それを安全な場所に持ち帰って共食を始めたとき、仲間のことを思う気持ちが芽生えたはずである。類人猿は食物がある場所でしか分配しない。でも、人類が遠くまで出かけたとき、待っている仲間はきっとおいしいものを持って帰るだろうという期待が生じ、食物を採集する者は仲間の食欲が頭に浮かんだに違いない。しかも持ち帰った食物はそれがあった場所を確かめずに食べるわけだから、仲間を信頼して食べることになる。仲間への期待や信頼が強くなり、食物は仲間どうしをつなぐ触媒となる。この社会性は現代人にも色濃く受け継がれている。私たちは毎日当たり前のように仲間と食事をしているが、そこには「われわれは食物を通じてつながり合っている」というメッセージが隠されているのである。

直立二足歩行と共食によって育てられた共感力は、200万年前に脳が大きくなり始めてからその力を強化した。頭でっかちの成長の遅い子どもをたくさん抱えるようになり、親だけでは子どもを育てられないので、複数の家族が集まって共同で保育をすることが不可欠になったのだ。だから、人間の社会では自分の血縁以外の子どもの面倒を見たり、教育したりすることが当たり前になっている。人間以外の動物でこんなに共同保育の手を広げるものはいない。家族と複数の家族が集まる共同体という社会組織は今でも人間社会の基本であり、共食と共同の子育てで鍛えられた共感力によって支えられているのである。

こうして人類は類人猿から引き継いだ弱みを強みに変えることによって大きな社会力を手に入れた。人類は脳が大きくなり始めて間もない180万年前に、初めてアフリカ大陸を出てユーラシア大陸へと進出を果たした。それは、この社会力がこれまでとは違った環境で生き延びることに役立ったからに違いなく、現代に生きる私たちもそれを忘れてはいけないのである。

定住と自己家畜化が生んだ人類の光と闇

私たち人間の社会は野生との関係を大きく断ち切ったとはいえ、多くの動物たちに囲まれて成り立っている。ウシ、ブタ、ニワトリ、ヤギ、ヒツジは毎日のように、あるいは時折食卓に上る動物だし、養殖した魚の種類もふんだんにある。ウマ、ロバ、ラクダは人や荷物を運搬してくれる。イヌやネコをはじめとしてペット動物の種類は多く、動物園や水族館に行けば身近に見られる動物たちは数多くいる。人間の生活は動物抜きでは成り立たないともいえる。しかし、人間はこれらの動物たちとどのようにしてつき合うようになったのだろうか。とくに家畜たちは繁殖を人間に委ね、毛皮、肉、乳を提供し、労力を人間のために使ってくれるありがたい存在である。いつ、なぜ、どのようにしてその関係ができたのか。ネアンデルタール人以前の人類が家畜を飼っていたことは知られていないので、家畜化はホモ・サピエンスの仕業である。

かつて、アメリカの地理学者ジャレド・ダイアモンドは『銃・病原菌・鉄』を著わし、平均体重100ポンド（約45kg）以上の家畜化可能な哺乳類の中で、実際に家畜化された種の数を大陸ごとに比べた。ユーラシアは72種中13種、サハラ以南のアフリカは51種中0種、南北アメリカは24種中1種、オーストラリアは1種中0種だった。南北アメリカとオーストラリアに少ないのは、サピエンスが新しく進出した大陸であり、まだ人間の狩猟圧にさらされていない哺乳類を狩り尽くしてしまい家畜化する余裕がなかったせいだとされている。とくに、オーストラリアは大型の動物がほとんど絶滅してしまった。南米にはリャマやアルパカがいるが、これらはラクダ科の動物で、体毛を取るか運搬用にのみ使われる。ビクーニャのように野生のままで毛を刈られる種類もいる。

これに対して、人類発祥の地であるアフリカで家畜化された種が皆無なのは不思議だ。ここにはウシに似たバッファロウ、ウマに似たシマウマなど数々の有蹄（ゆうてい）類、ブタに似たイノシシ類など家畜の候補になる動物がたくさんいる。これらの動物が家畜化されなかった理由は、長い間人類の狩猟圧にさらされて臆病になったり、過敏で攻撃的な性質を発達させたりしたからとダイアモンドは推測している。一方、ユーラシアでは人類が徐々に生息域を広げたため、動物たちがサピエンスに馴れる余裕が生まれたというのである。

家畜化された動物のうちイヌがもっとも古く、遺伝子の分析では1万5000〜2万年前、考古学的調査では3万5000年前と考えられている。ヴュルム氷期の最中かその後かで意見が分かれ、場所も東アジアとヨーロッパの2か所、あるいは単一起源という説がある。いずれの時代もまだ農耕・牧畜が始まる前だから、狩猟採集民の居住地近くで残飯をあさるようになり、徐々に人間に馴れていったと考えられている。そして、イヌは猟犬として狩猟に欠かせない人間のよき相棒となった。牧畜が始まってからは、家畜の群れを肉食動物から守る大切な役割を果たしてきた。

イヌの祖先はオオカミである。オオカミと比べると頭蓋骨が小さくなり、顎が退縮して、顔が平たんに、頭が丸くなるという特徴を示す。耳が垂れ、身体に斑(まだら)模様が現われ、体格もチンからセントバーナードまで多様で、アフガン・ハウンドのように毛が長いイヌや、ダックスフンドのように胴が長いイヌまで千差万別だ。これはそれぞれの目的に応じて品種改良が行なわれた結果だといわれているが、じつはその考えを覆すような面白い実験がある。

ロシアの遺伝学者ドミトリ・ベリャーエフは、1950年代から野生のギンギツネを家畜化する実験を始めた。人を怖れず、咬みつかず、従順な個体を選んで何世代にもわたって交配した。1年間に1000頭もの個体を選別し、それを50年間続けると、しだいに家畜のような特徴が現われ始めた。耳が垂れ、頭部が小さく、顎が退縮して、体表に斑が現われ、尾が巻き上がるようになった。尾を振り始め、芸をするキツネまで登場したという。これはふたつの点で大きな発見をもたらした。家畜化は従順な個体を選ぶだけでよく、その兆候は短期間で現われるということである。

イヌはオオカミに比べて頭部が小さく、したがって脳も小さいが、決して知能が劣っているわけではない。人間の指差しはチンパンジーには理解できないが、イヌには理解できる。人間の感情を読むことにもイヌは優れた認識能力を示すし、ゴリラやチンパンジーにはない白目を持っているイヌもいる。家畜化の過程で人間の気持ちを察する能力を高めるとともに、自分の感情を人間に読んでもらうような特徴を発達させたのであろう。

草食動物の家畜化については諸説あるが、日本では今西錦司の説が最初である。第二次世界大戦中に今西が梅棹忠夫らを率いて内蒙古に西北研究所を設立し、そこで家畜の遊牧

白目を露出させると表情が豊かになる。霊長類で白目があるのは人間だけで、これはコミュニケーションを高めるためでもあったという説がある。イヌも個体によって白目を露出させる。人間との長いつき合いの結果かもしれない。
写真／Pixabay

を観察したことを基に1948年に出したのが『遊牧論そのほか』である。これは梅棹の説を先取りしたともいわれているが、草を食みながら遊動する草食動物を群れごと家畜化したという考えである。十分に家畜化されていないトナカイや、野生のまま毛を刈られる南米のビクーニャなどを見ていると、人間が群れについて歩き警戒心を解いたと思えてくる。その際、ユーラシアの平原ではイヌが大きな役割を果たしたはずだ。

梅棹は、1965年に雑誌『思想』に「狩猟と遊牧の世界」を著わして、家畜化に去勢や搾乳の技術が不可欠なことを述べた。たしかに、野生動物を馴らすのはそれほど難しいことではない。サルやゴリラの人づけを行なった私の経験からも、数年の辛抱強い接触で事足りる。しかし、そこから乳を搾り、繁殖をコントロールし、肉や皮を利用するまでには発想の転換と技術革新が要る。

私たちが2022年に編じた『レジリエンス人類史』の中で「後ろ手に縛る」という章を執筆した考古学者の藤井純夫は、適宜な降雨があるメソポタミアの北部で小麦の生産とヤギやヒツジの牧畜が同時並行で集中して始まったことに注目している。肥沃な三日月地帯であっても、安定した食料生産を持続させるには農耕だけでは難しかったのだ。人間が食べられない草を食み、乳と肉をもたらしてくれる家畜があってこそ、気候に左右される農耕を継続することができたのである。

この農耕・牧畜複合は徐々に人口増加をもたらし、都市文明の礎を築いた。藤井はそれが膨れ上がる集団の内外にコンフリクトをもたらし、大小の戦争につながったことを重視する。敗者を奴隷として利用する社会の登場である。戦争には単に土地や所有を争うだけでなく、奴隷を獲得する目的があった。「牛馬のようにこき使う」という言葉に象徴されるように、ここには家畜の発想が反映されている。古代文明には奴隷の存在が不可欠であり、それは大航海時代に続く西洋の奴隷狩りにつながり現代までＢｌａｃｋ　Ｌｉｖｅｓ　Ｍａｔｔｅｒに代表される差別に大きな影を落としている。

世界には家畜化をともなわずに農耕社会を築いた国があった。熱帯雨林など豊かな森林を持つアフリカ、アジア、中南米の国々である。ツェツェバエなどが媒介する感染症が多いこともあって、ウシなどの大型家畜を飼養できなかったのだ。これらの国々では階級制はあるものの、奴隷制が強度に発達したとはいえない。食物が豊かで、過酷な労働に供する人材がそれほど必要なかったとも思われる。とくに日本では明治時代になるまで家畜の肉も乳も利用せず、農耕社会が安定を保っていた。「農奴（のうど）」という言葉はヨーロッパの領主に所有され、自由な移動を禁じられた農民を指す。さらに「牧人」という職能集団が牧畜を支えた。奴隷貿易も長く行なわれ続けた。ヨーロッパ諸国が他の大陸に進出し始めた15世紀ごろから、この体制が世界に広がった。そして、森林を開拓して家畜を飼うのに適した草原に変える農耕・牧畜複合が熱帯雨林諸国まで普及した。その結果、家畜をホストとする人獣共通感染症が世界中にまん延することになったのである。先述のダイアモンドはそれを「家畜がくれた死の贈り物」と呼んでいる。

さて、家畜化という概念は「奴隷化」という社会的なプロセスに応用されるばかりではなく、人類の進化に適用される場合がある。それは、「自己家畜化」と呼ばれる現象である。実際、サピエンスはネアンデルタール人に比べて、また旧石器時代の祖先に比べても歯や顎が退縮して顔が平面的になっている。体格も小型化し、男女の差が縮まっている。さらに数万年前に比べて脳が10〜30％縮小している。これらの変化はオオカミとイヌの関係によく似ている。イヌと同じように、現代人は亜種さえないほど遺伝的に均質だが体格や外見は極めて多様である。これらの特徴は人類が自らを家畜化したのではないかと思わせる。

じつは自己家畜化はチンパンジーの別種のボノボにも見られるという説がある。チンパンジー属にはふたつの種があり、約80万年前に分かれてボノボはコンゴ川に囲まれた内側の熱帯雨林に、チンパンジーは外側の比較的乾燥した疎開林に棲むようになった。チンパンジーはオス優位で、集団間でオスどうしが殺し合いを含む敵対的な関係を持つが、ボノボはメス優位で、集団どうしが出会っても混じり合って違う集団の相手と交尾をすることさえある。とても対照的な社会性を示すのである。

チンパンジーと比べて、ボノボは頭が小さく、平たんな顔をしていて、どことなく子どもっぽい。アメリカのチンパンジー研究者リチャード・ランガムは『善と悪のパラドックス』の中で両種を比較し、ボノボはおとなになっても幼形の特徴を残していて、協調的な性質を持っていると指摘している。このペドモルフォーシスと呼ばれる現象は、幼形形態形成、発達開始遅延、成熟前発達停止という特徴からなり、現代人にも見られる特徴である。サピエンスのおとなの頭骨はゴリラやチンパンジー、さらにネアンデルタール人に比べてより幼児に近い形状をしている。そして、成長期間が長く、なかなか成熟しない。家畜化とは社会化の窓の期間を広げることであり、従順さは学びを促進する。子ども時代が長くなるのはペドモルフォーシスであり、おとなになっても協調性が高いのは、現代人が自己家畜化の過程を経ていることを強く示唆している。

協調性には高い共感力が必要である。驚くべきことに、イヌはチンパンジーより協調性が高い。これは人間とつき合うようになってから高めた能力に違いない。おそらく人類はサピエンスの時代になって自己家畜化を始め、それまでに鍛えた高い共感力で従順さと協調性を発達させたのではないだろうか。それが子ども時代を延長させ、学びの機会を増やし、より規模の大きな複雑な社会の形成を促すようになった。

しかし、従順で協調性の高い社会には大きな危険も潜んでいる。それは反発せずに集団を組み、自己犠牲を厭わずに集団の目的にしたがう傾向である。その最悪の事例が戦争であろう。集団内外の争いは、サピエンスが定住して食料生産を始め、所有を原則とした暮らしを営み始めてから増加した。その後、集団の規模は急速に拡大したが、共感力が働くのはいまだに小規模な集団の内部にとどまっている。だが、自己家畜化によって育てられた従順さと協調性は共感力を超えて、より大きな集団にしたがおうとする行動傾向を生み出す。家畜の大集団がわずかな人間のコントロールによって動き、イヌたちが忠実にそれを誘導するように、人間も為政者の意図にしたがって大規模な社会を作り、武力がそれを守る。奴隷制はその典型的な表われである。自己家畜化は、現代の人間社会の光も闇も作り出した源泉なのかもしれない。

今西錦司（1902～1992）は、京都大学教授を務め動物社会学、霊長類学を切り開いた。1944年には日本の財団が現在の中国河北省に設立した西北研究所所長となり家畜化、遊牧の起源に挑んだ。京大では長く無給講師だったが、日本で初めて霊長類研究に本格的に着手し世界的なレベルまで押し上げた。やがて文理両方の人類学のリーダーとなった。若いころから哲学者の西田幾多郎の思想を独学し、老年にいたっては自然科学にとらわれない自然観から自然学を構想。また独自の進化論も発表していった。写真は1958年、初のアフリカ調査のもので、ゴリラの赤ちゃんを抱く。当初、今西はゴリラ調査を計画したが断念。それでもアフリカでの霊長類学、人類学の研究の礎を築いた。写真／京都大学伊谷純一郎アーカイヴス

梅棹忠夫（1920～2010）は、京大大学院在籍中に西北研究所所員となり今西をリーダーにした内蒙古調査に参加した。理学博士ながら文系の人類学に転身し、京大で社会人類学の今西の後任を務めた後、国立民族学博物館初代館長となった。民族紛争が激化した20世紀後半には「文化は不信の体系」と断じた。自身は独自の比較文明論を展開し続けた。

第2章

現代文明は なぜ暴力をやめられないのか

平和に生きるゴリラと暴力を続ける人類

私が40年以上にわたって調査してきたゴリラは、19世紀の中ごろにヨーロッパ人に発見されて以来、100年以上も暴力の権化とか悪魔の化身とかいわれて世界の注目を集めてきた。あの有名な『キングコング』はゴリラがモデルで、「コンゴの王」という意味だが、映画では南方の孤島に恐竜時代の生き残りと暮らし、体長16mの巨体を誇る。この映画は何度もリメークを繰り返し、初期の不気味で好色な怪物から平和を好むやさしい守り神へと変身し、だんだんゴリラの実像に近くなっている。だが、獰猛（どうもう）な野獣と見なされたために、多くのゴリラがアフリカの森で撃ち殺され、また世界の動物園に格好の見世物として送られた。種として100年以上も頑丈な檻（おり）に閉じ込められ、子どもを作ることもできない時代が続いた。なぜ、こんな誤解が生じたのだろう。

それは、ゴリラのオスが探検家と出会ったときに、二足で立ち上がって両手で交互に胸を叩いたことがきっかけだった。ドラミングと呼ばれるこの行動は、ゴリラが自己主張をするときや、興奮したり好奇心を抱いたりしたときに現われる。相手と自分を対等な関係にして合意するための提案でもある。それを探検家たちは威嚇と見なし、襲撃の予兆と勘違いして恐れおののき発砲したのである。たしかに、ゴリラは世界が震えるような咆哮を発して突進してくることがある。しかし、そのときもたいていは数m前で止まり、こちらをにらみつけて去っていくだけだ。その圧力に耐えて立っていれば、襲われることはない。ゴリラは肉食獣ではないのだ。それを勘違いして、ゴリラのドラミングを誇張して解釈し、人間を襲う好戦的な怪物というイメージを作ってしまったのである。

振り返ってみれば、私が子どものころの1950年代や1960年代でもまだアフリカは「暗黒大陸」と呼ばれ、そこに住む人々は邪悪な心を持っていたり、魔法に取り憑かれたりしているとされていた。その中心はコンゴ盆地にある大密林で、19世紀の末にジョゼフ・コンラッドが書いた『闇の奥』という小説はそれをよく表わしている。サバンナの国ケニアでも、マウマウ団というテロ組織があって白人の入植者を次々に襲うという話がニュースになっていた。じつはマウマウ団は植民地からの独立を目指すパルチザンで、ケニアの歴史に残る英雄だった。いかに私たちの認識が時代の誤った歴史感覚に左右されてきたかがわかる。それは、第二次世界大戦中に「鬼畜米英」と呼んでアメリカ人を鬼のよう

ドラミングは示威行動。誰かを攻撃しようという意図はない。大胸筋の下に共鳴袋があり、そこに空気を溜めて手のひらで太鼓のように叩く。

に怖れていた日本人の感覚ともつながっている。戦後はそのイメージを急転換して欧米の価値観に追随するようになったものの、今度は欧米の発展途上国への固定観念をそのまま受け継いでしまったのである。

ゴリラへの誤解は人間の先祖への誤解につながる本質的な問いを含んでいる。「果たして人間は本来暴力的なのか、それとも平和的なのか」という問いである。人間と祖先を共有するゴリラが暴力的であるなら、人間も現代の暴力を祖先から受け継いでいることになる。しかし、ゴリラが平和を愛する性質を持っているなら、人間は本来平和的に共存しており、進化の果てに現代のような大きな暴力や戦争を起こすことになったと考えられる。いったいどちらが正しいのか。

その対立的な考えは昔から現代まで引き継がれて、大きな影響を政治にもたらしている。17世紀にトマス・ホッブズは「人間の自然の姿は闘争状態にある」と述べ、18世紀のジャン・ジャック・ルソーは「人間の自然状態は平等で争いがない」と反論した。その後、ルソーの社会契約説に基づいて民衆が起こしたフランス革命は王政打倒に成功したものの、政治的混乱によってナポレオンの独裁を招いた。フランス憲法に定められた自由、平等、博愛は、これを理想とはするが実現ははるかに難しいことを語っているように思う。

その後、この対立するふたつの考え方はさまざまな分野に現われてきた。私が関係する生物学でも、19世紀の中盤にチャールズ・ダーウィンが著わした『種の起原』はホッブズの考え方を踏襲するものだった。生物は与えられた環境条件の下に種内、種間の競争で有利に立ち、子孫を残したものがその性質を伝えていくことで進化する。この「競争と選択」という考えが人文・社会科学にも取り入れられて、19世紀の後半は人種差別や帝国主義が影響力を増した。「未開と文明」という考え方は今でも強い影響力を持っている。

しかし、進化の考え方を人間にも当てはめて「進化上進んだ人間、遅れた人間」という分類が優生思想に結びつくとして反省が起った。そして、人間の文化や暮らし方を外から眺め、外の価値観で判断すべきではないとする「文化相対主義」が力を増し、人間の社会や文化に進化の考え方を取り入れることを抑制する風潮が広がった。その結果、20世紀前半は優生思想を脱しきれないまま、人間以外の生物については本能に基づく進化の研究を行ない、人間の社会や文化の研究は進化を扱わない人文・社会科学のみが扱うことという暗黙の了解ができたのである。この時代を代表する思想家ホセ・オルテガ・イ・ガセットの「人間は自然を持たない、歴史を持つ存在である」という言葉が象徴的である。人間は生物学的な進化の産物ではなく、文化の積み重ねによる歴史の造形というわけだ。

それに反旗を翻したのが日本の霊長類学者たちだった。1941年に『生物の世界』を著わした今西錦司は、人間も他の生物も無生物さえも「もとは一つのものから分化し、生成したもの」であると説いた。そして、競争ではなく「棲み分け」によって多様な種が新たな生活の場所を拓き共存していく姿を進化と捉えた。今西は社会も進化する単位であると見なし、人間が人間以外の動物から社会や文化を進化させた証拠を見つけるために霊長類学を創始した。宮崎県の幸島（こうじま）や大分県の高崎山でニホンザルを餌づけし、すべての個体に名前をつけてその行動を調査した成果は1950年代に実を結んだ。サルたちが見事な構造を持った社会に暮らし、遺伝によらずに新しい行動を個体間で伝達する前文化的な能力を持つことを世界に先駆けて証明したのである。

だが、一方で人間の本性に関しては当時奇妙な説が登場していた。先史人類学者レイモンド・ダートによる「骨歯角文化説（こっしかくぶんかせつ）」である。彼は1924年に南アフリカで200万年前の猿人化石を発見し、アウストラロピテクス・アフリカヌスと名づけた。その後沈黙していたが、第二次世界大戦後に、この猿人が獣骨を用いて狩猟し、さらにそれを武器にして戦い合っていたとする説を発表した。この説に基づいて文化人類学者たちは人間がはるか昔から狩猟者として進化し、狩猟具を武器に転用して戦いを激化させたという説を展開するようになった。

著名な動物行動学者でノーベル賞受賞者のコンラート・ローレンツも「人間は本来持っている攻撃性をその抑制力を進化させる前に武器によって高めた」ことが戦争の原因と述べ、ナチスに協力したとされて戦後批判を受けた。アメリカの劇作家ロバート・アードレイによる『アフリカ創世記〜殺戮と闘争の人類史』をはじめとする一連の著作は、人間がその進化の初期から高い攻撃力を持って繁栄を築き、戦争はそのやむを得ない帰結であり、絶え間ない闘争状態に秩序をもたらす最適な方法だったことを説いている。今から考えれば、ダートやアードレイの説が英語圏で流布したのは、戦勝国の人々が原爆をはじめとする強大な武器で大量に人々を抹殺してしまった良心の痛みを、戦争が平和と秩序をもたらす不可避の方法だと、納得することで和らげようとしたためではないだろうか。

ダートの説はその後、他の先史人類学者たちの努力によって覆され、ダートが武器による殺傷と見なした頭骨の穴は洞窟の落盤事故やヒョウに襲われた傷跡だということが判明した。最古の槍はわずか50万年前のもので、それも投げ槍ではなく、獲物を押さえるために用いたとされている。旧石器時代には人間どうしの争いによって死亡した割合は類人猿と違いがなく、集団どうしの殺し合いは1万3000年以上前には見られない。殺害にいたる暴力や戦争は人間の進化700万年のうちでは極めて最近のことであり、とても本性とはいえないのである。

さらに、霊長類学者たちが多くの種の社会の成り立ちを研究した成果からも、人間の社会が狩猟生活によって進化したのではないことが示唆されている。サルたちが群れを作るのはまず、妊娠・出産・子育てと負担の多いメスたちが集まることに利点を見出したためである。食物を効率よく見つけ、外敵から身を守るためにはたくさんの目があったほうがいいからだ。自分で子どもを産めないオスは、群がったメスたちに寄っていって群れのメンバーとなった。そこで競い合って体格や武力を増し、メスや子どもたちを守る性質を身につけた。しかし、同時に暴力を振るう存在にもなったので、メスが特定のオスを自分と子どもの保護者として選ぶようになって、さまざまな駆け引きと社会関係が生まれたというわけである。そこには狩猟者ではなく、狩猟されるものとしての防御のために社会性が発達したことが示唆されている。人間にとって狩猟が新しい出来事ならば、他の霊長類と同じように社会性も「狩られる側」の戦略として進化したと考えられるのだ。

にもかかわらず、狩猟の能力向上が人間の高い攻撃性につながったとする考えは、その後も根強く残っている。1966年にシカゴで開かれた狩猟採集民会議では、狩猟採集民が農耕民や都市に暮らす人々より高い攻撃性を持つかどうかという議論が交わされた。しかし、多くの予想に反し、ピグミーやブッシュマンなどを調査してきた研究者は彼らが平和な生活を営んでいることを主張している。私もゴリラの調査で幾度も狩猟採集民の人々と暮らしたが、狩猟に使う槍や山刀を人に向けたことはない。争いはたいがい殴り合いで、そばの人々が仲裁することで決着がつく。死亡にいたるほど激化することはないという印象を持っている。

1968年に上映された『2001年宇宙の旅』は、この時代の「戦争は人間の本性」という考え方を基にして作られていた。冒頭に登場する「人類の夜明け」というシーンでは、ダートの発見した猿人が宇宙から降りてきたモノリスという直方体の物体に霊感を授けられ、近くにあったキリンの大腿骨が狩猟具になることを認識する。骨の棍棒で狩りを成功させた彼らは、やがて水場をめぐって争っていた他の集団に骨を武器に用いて勝利する。そして、徐々に戦いが本格化して地球を滅亡に陥れるような事態になり、今や本性となった人間の攻撃性が「原罪」として宇宙に裁かれるというのがこの映画のテーマだった。

この考えは今でも根強い。とくに政治家の間では常識にすらなりつつある。核戦争の廃絶を訴えてノーベル平和賞を受賞したバラク・オバマ元大統領でさえ、２００９年のオスロでの受賞演説で、「戦争は最初の人間から何らかの形で存在していた。歴史の夜明けにはその道徳性が疑われることはなかった。それは旱魃や疫病のように単純な事実だったのだ」と語った。第二次世界大戦という未曾有の大殺戮を経験した後でさえ、無数の紛争が世界各地で勃発し、そのたびに政治家たちは戦力を強めることで平和への道を探っている。それは、人間にとって暴力も戦争も本性の成せる業であり、歴史から学んだ知恵と発展させてきた科学技術力で防ぐしか方法がない、と多くの人々が信じているからである。

しかし、それは大きな誤解である。戦いは人間の本性の必然的な結果ではない。人間は長い進化の中で高めた共感力と社会力をある時代に暴発させ、違う目的に向け始めたのだ。

今、私たちはそれを正し、森で育てた共存の思想に戻る必要がある。

人類が暴力を拡大し始めたのはいつごろか

長い進化の歴史の中で、人間は共感力を高めてきた。それは食物を分け合って共食をすることと、脳を大きくするために身体の成長が遅れる子どもたちを共同で育てることによって培われてきた。そして、共感力は家族と複数の家族からなる共同体という重層構造の社会をもたらし、われらの祖先たちはその社会力を利用してさまざまな環境へ進出し、やがて各地に大規模な文明が生まれた。しかし、その共感力が同時に人間や社会を破壊する暴力を生み出したというのは、いったいどういうことなのだろう。

それはまず、人間が生み出した独自のコミュニケーションに端を発する。言葉はむろん人間独自のコミュニケーションであるが、現代人のしゃべる言葉は7万〜10万年前ごろに出てきたといわれているので、700万年の人間の進化の歴史の99%は言葉なしで暮らしてきたことになる。それはどんなコミュニケーションだったのか。

チンパンジーとの共通祖先と分かれて、人間が最初に発達させた独自の特徴は直立二足歩行である。これは走力や敏捷性では四足歩行に劣るが、長い距離をゆっくり歩くとエネルギー効率がいい。しかも、自由になった手で物を運べる。人間の祖先はゴリラやチンパンジーなどがいまだに棲み続けている熱帯雨林をしだいに離れて、草原に進出しようとしていた。直立二足歩行は広く歩き回って分散した食物を集め、それを安全な場所で分配して共食するのに大きく貢献したと考えられている。

そして、直立二足歩行には別の副産物があった。立ち上がったことによって喉の喉頭が下がり、さまざまな発声ができるようになったことだ。これは随分後になって言葉をしゃべる能力につながったのだが、当初は音を生み出す能力を向上させたと思われる。人間以外の霊長類は生まれつき出せる音声が決まっていて、生後に学習してさまざまな音を出すということができない。テナガザルは美しいテリトリーソングを鳴くが、種ごとにそのメロディーは決まっていて変更できない。ところが、人間は鳥や動物の鳴き声を真似して発声することができるし、自由自在に音を組み合わせて歌を作ることができる。この能力がいつ身についたのか化石に残らないのでよくわからないが、喉頭の下降がその端緒であったことは確かであろう。

さらに、立ち上がって腕が身体を支える任務から解放されて胸への圧力が解かれ、大小の声が自在に出せるようになった。また、立ち上がったことで身体の支点が腰になり、上半身と下半身が別々に動くようになって、身体の動きにも自由度が増した。踊れる身体ができたということである。踊るという行為は自分の表現であると同時に、他者と身体の動きを合わせるということでもある。つまり、こうした自在に音を出せる能力と踊る能力の発達は、音楽的なコミュニケーションを生み出したのではないかと思われるのである。

人間にとっての最初の音楽はパーカッションだっただろうと思う。ゴリラは立ち上がって両手で胸を叩くし、チンパンジーは立ち上がって足を踏み鳴らし、あたりを叩き回る。これは優位なオスのディスプレイ(示威行動)として知られているが、どちらも二足で立つことが条件になっている。おそらく人間の初期の祖先もこうした行動を受け継ぎ、いろんなものを叩いて踊ったのではないだろうか。やがて、それに歌が加わって身体の共鳴はさらに強化される。チンパンジーは激しい雨が降って興奮したときなどに、仲間たちと走り回ってパントフートと呼ばれる大きな声の合唱をすることがある。人間もこのような歌と踊りを用いて集合的な興奮を高め、連帯感を強化することがある。とくに、狩りや戦いの前には歌と踊りを介して恐怖を抑え、勇気を鼓舞することがどの社会でも見られる。

現代人の脳の大きさはゴリラの脳の3倍ある。では、いつ脳が大きくなり始めたかというと200万年前である。しかも、現代人並みの脳の大きさになったのは40万年前で、言葉の登場よりずっと前だ。多くの人は人間の脳が大きくなった原因は言葉をしゃべるようになったからだと思っているだろうが、それは誤りである。言葉は脳が大きくなった結果として現われたのであって、原因ではないのだ。

では、どんな理由で脳が大きくなったのか。イギリスの進化生物学者ロビン・ダンバーは人間以外の霊長類を比較し、集団サイズが大きい種ほど、脳の新皮質比（脳に占める新皮質の旧皮質に対する割合）が大きいことを発見した。つまり、集団生活を送るためには仲間と自分、仲間どうしの社会関係をよく覚えていなければならないので、日常的につき合う仲間の数が増えるとそれを記憶する脳の容量が増えるというわけである。言葉を持たない時代の人間の脳が大きくなった理由は、他の霊長類と同じだったのではないかと考えると、人間の祖先はともに暮らす仲間の数を増やしたと推測されるのだ。

しかし、集団サイズは簡単に拡大できるわけではない。大量に得られる草や葉を食べて暮らすヌーやシマウマのような動物は大きな集団を作れるが、霊長類、とくに類人猿の主食は果実である。量も時期も限られている。大きな集団では食料が不足する。そこで、直立二足歩行が食物を集めるために効力を発揮したわけだが、大集団がトラブルを起こして分裂しないようにするためには互いをつなぎ止めるコミュニケーションが必要になる。サルは互いに毛づくろうことによって、仲間とのきずなを維持している。しかし、毛づくろいは一度に1頭しか相手にできないし、数珠つなぎになってもせいぜい3頭か4頭が上限だ。人間の祖先が始めた食事という団らんもせいぜい10人ぐらいだろう。そこで、音楽的なコミュニケーションが重要になってきたのではないか。

踊りは簡単に仲間と身体を共鳴させる手段になるし、踊りの輪はいくらでも拡大できる。現代でも世界中の文化が歌や踊りを備えているし、私がゴリラの調査でつき合っているピグミーと呼ばれる狩猟採集民は踊りの天賦の才能を持つと称されている。彼らは、ひとり一音を発声して即興的な集合音楽（ポリフォニー）を作る才能にも恵まれている。彼らの踊りに私も参加したことがあるが、太鼓と指琴と合唱によって踊りの輪が見事に調和する。しだいに人が加わって踊りの輪は大きく、そして幾重にもなっていく。中央では若者が代

著者が初めてゴリラを調査した1978年に訪ねたコンゴ民主共和国のトゥワ人の村。歌と踊りの民、ピグミー系の狩猟採集民の集落である。

ポリフォニーという集合音楽はサハラ以南のアフリカでもっとも発達。パプアニューギニアなどオセアニアの島々にも古くからある。

わる代わる躍り出て、さまざまなジェスチャーで自己主張をする。そこには言葉が介在しないきずなの世界が現われる。

ダンバーによれば、現代人の１４００～１６００ccぐらいの脳の大きさは１５０人ぐらいの集団サイズに匹敵するという。これは現代人が登場する20万～30万年前にはもうでき上がっていた。面白いことに、現代でも食料生産をせずに自然の恵みだけに頼って暮らしている狩猟採集民の村の平均サイズはだいたい１５０人だという。ということは、7万～10万年前に言葉が登場しても、１万２０００年前に農耕・牧畜という食料生産が始まるまでは、人間は１５０人を単位として狩猟採集生活を送っていたと想像できる。つまり、言葉は集団サイズを拡大することには貢献しなかったのだ。

この１５０人という数は社会関係資本（ソーシャル・キャピタル）であると私は思う。何かトラブルに陥ったときに相談できる相手の数である。それは名前のリストによって覚えているのではなく、過去に喜怒哀楽をともにしたり、スポーツや音楽などの共同活動を通して身体を共鳴させた仲間であり、それぞれの顔や性格を知っている間柄である。これは現代でも言葉によって作られるわけではないし、大規模な社会に暮らすようになっても、

SNSなどの情報通信技術が発達しても拡大していない。

私たち人間が持つ共感社会は、言葉が登場する前に音楽的コミュニケーションによってその基礎は作られたと思う。言葉は世界を分けて意味を与え、共通の物語を紡ぐ力をもたらした。それは現代人ホモ・サピエンスがアフリカ大陸を出て地球のいたるところに進出する結果をもたらした。しかし、言葉は一方で、人間どうしの争いを激化させる結果にもなったのである。言葉は世界を分類する。違うものをいっしょにし、同じものを分ける。人間以外の霊長類でも、同じ群れで暮らす仲間に共感し、外部の仲間と敵対する。しかし、同じ種であれば敵にも仲間にもなる存在であるから、敵視しても抹殺するような行為におよぶことは稀（まれ）である。しかし、言葉によって相手を人間以外の動物にたとえてしまえば、害獣や害虫のように排除や抹殺の対象になる。こうして敵を「オオカミ」や「ダニ」に見立てて攻撃性を高めるようになったのである。

共感力を維持するには、身体を共鳴させて心をひとつにするようなコミュニケーションできずなを強める必要がある。それが途絶えたり、マンネリになったりすると、仲間を思いやる気持ちが低下する。そんなとき、共感力を高めるために敵が作られる。その敵にみんなの目が注がれ、一斉に団結して敵を排除しようとすることで仲間意識が高まるのだ。その際に多用されるのが音楽に歌詞をつけて合唱することである。音楽によって互いの壁を乗り越えて連携しようとする心に、歌詞によって目的意識が付与され強化される。これまでに引き起こされた戦争でも、必ずといっていいほど軍歌が作られて合唱されてきた。それは音楽と言葉の合体によって、人間がいかに理不尽な暴力に突き進むことができるかを示しているように思う。

そして、定住生活と農耕・牧畜による食料生産が人間の暴力拡大の扉を開いた。最近では定住生活が農耕・牧畜より前に始まったという説が登場しているが、定住を決定づけたのは食料生産と貯蔵だったことは疑いの余地がない。農耕は一定の土地に種を撒き、雑草を除去し肥料をやって育てることによって、狩猟生活より多くの人を養える。また、天候の異変で不作に見舞われても、貯蔵した食料によってしのげるので移動する必要がない。

その結果、ある集団が土地を所有し、他の集団との間に境界が生まれた。狩猟採集生活ではコモンズとして複数の集団が利用してきた土地が、特定の集団の占有地にされるようになったのである。生産力を高めるために、穀物の種子、肥料、農機具が改良され、木が伐採されて水路が作られた。農耕には人手が多く要るので、子どもをたくさん産むことが習慣となった。

こうして土地に投資する価値が生まれ、豊かな土地では食料が豊富に生産されて人口が増えた。もちろん農耕の初期はつらい労働で、飢餓や疫病による死者も多かったと思うが、家畜の力を借りて農地を広げ、徐々に人口は増え始めた。余剰の食料ができ、農耕以外の仕事に従事する人ができると、他の集団から土地の権利を守る武力集団が登場した。その結果、土地や物への所有欲が高まり、それをめぐって衝突が生じ、所有を拡大するために武力を行使するようになった。これが暴力拡大の直接的な要因である。

そもそも共感力は、食物が分散していて猛獣が闊歩する草原で人間の祖先が生き抜くために身につけた社会力の源泉だった。それは言葉が登場するずっと以前に食や子育ての共同によって生まれ、音楽的なコミュニケーションによって強化されてきた。しかし、共感力は身体の共鳴によってしか発揮されないし、言葉によってその範囲も拡張できないという性質を持っている。言葉の登場は共感力に目的意識を付与する効果を生み、集団の外へ敵視として向けられるようになった。定住と農耕・牧畜にともなう生産革命は、集団の規模を拡張するとともにその傾向を助長して集団間の争いを高め、ついには戦争という悲劇を引き起こすようになったのである。

言葉の功罪と身体的コミュニケーション

長い間、私たちは人間の知性は言葉によって作られたと思い込んできた。キリスト教の新約聖書にある「ヨハネによる福音書」にも、冒頭に「はじめに言葉ありき」と記されている。この世は言葉によって創られた。すなわち言葉は神である、という意味である。そして、神は人間にこの地球の管理を任せた。旧約聖書の創世記には人間がたびたび神を裏切って堕落し、神はノアの「大洪水」のように地球環境を破壊して戒めを与えたと記されている。それでもなお、バベルの塔を建立して神の域に達しようとする人間に、神は言語の壁を設けて意思の疎通を妨げた。新型コロナウイルスによるパンデミック、2022年からのロシアによるウクライナ侵攻という世界規模の危機は、キリスト教の信者でなくても、再び神が私たちに大きな罰を与えようとしていると映るかもしれない。実際、私たちは近年グローバルな世界を建設し、SNSをはじめとする情報通信技術の発達によって世界中の情報を瞬時に手に入れられるようになった。しかし、グローバルな動きは新型コロナウイルスのまん延を助長し、フェイクニュースの氾濫は情報への信頼を大きく喪失させた。これまでになかったような憎悪や敵意が飛び交い、社会に大きな混乱が広がっている。私たちの世界は何か間違っているのではないか。そんな不安が頭をよぎる。

神を前提としなくても、言葉が人間の世界の始まりだとする考えがある。2016年に邦訳された『サピエンス全史』を書いたイスラエル人の歴史家ユヴァル・ノア・ハラリは、これまでに人類が経験した3つの革命（認知革命、農業革命、科学革命）のうち言葉による認知革命がもっとも重要と見なす。言葉の登場は人間にフィクションを信じる能力をもたらして大規模な協力を可能にした。そのフィクションとは、神々、国家、お金だというのだ。無神論者である彼は、神さえも言葉による仕業であり、虚構であるといい切る。

たしかに、言葉は私たち人間に大きな力を与えた。しかし、今私たちは言葉が人間の700万年にわたる進化史の中で比較的最近の7万〜10万年前に登場したことを知っている。そして、それは人間の脳を拡大した原因ではない。現代人ホモ・サピエンスは20〜30万年前に登場し、それ以前に脳は現代人並みの大きさになっている。言葉の登場以前にも以後にも脳の大きさは変化していないのだ。おそらく言葉は私たち人間の脳容量を増加させることなく、世界の認知の仕方を変えたのである。

現代の私たちの間違いは、言葉が気持ちを伝えるコミュニケーションだと信じていることにある。言葉は世界を切り取って要素に分け、意味を付与して物語にし、それを仲間と共有することに役立っている。しかし、気持ちを伝えるのは不得手だ。どんなに言葉を尽くして気持ちを伝えようとしても相手に届かないことが多いし、言葉で相手を理解しようとしてもうまくいかないことがある。それよりも、肩を抱き合ったり、手をつないだり、じっと相手の目を見つめるほうが気持ちをうまく伝えられる。わだかまりを持っていても、いっしょにスポーツをしたり、歌を歌ったり、食事をともにすると打ち解けることがある。私たちにとって言葉はまだ新しいコミュニケーションの手段であり、心を通じ合わせる手段として使いこなしていないのだ。

サルの仲間である人間は、五感のうち視覚を、真実を見極める感覚としてもっとも重視している。「百聞は一見に如かず」というように、「見たことが本当のこと」なのだ。スリは現行犯でなければ捕まえられないし、裁判では目撃者の証言が決定的な重要性を持つ。

言葉を持たなかったころの人間は、「見なかったこと」についてはなかなか共有できず、現場に足を運んだり、物を持ち寄ったりして自分の目で見て確かめていただろうと思う。

　言葉の効用はまず「見えないもの」を聴覚に移し替えて視覚に再現し、隠されていることを知ろうという欲望を引き起こしたことである。言葉には重さがないから、どこにでも持ち運びできる。遠くにあって見えないこと、過去に起こって体験できなかったことを、言葉で再現してまるで見たことのように感じさせることができる。まさに、言葉は時空を自在に飛び超える力を持っているのである。

　言葉のもうひとつの能力は、世界を切り分けて、カテゴリーに分類する力である。空と大地に、川と野に、海と岸に分けて、そこに境界を引く。植物を根と幹と枝に分け、実と葉とを分類し、用途を付与する。もちろん、サルや類人猿だってそれらの区別はできる。しかし、言葉で命名することによってその違いは鮮明になり、それぞれに意味を持たせることができるのだ。たとえば、昨日と今日の空は違う。昨日は一日中太陽が照っていたが、今日は朝から曇っていていずれ雨が来るだろう。そして川は増水して渡れなくなる。同じ空でも様子の違いが次に起こることを予感させる。言葉はひとつひとつの出来事に意味を付与してつなぎ合わせ、物語にして仲間と共有させる。おかげで私たちは自分が経験していない過去の出来事を、仲間の言葉から学ぶことができるのだ。

さらに、言葉は違うものを同じカテゴリーに分類する。ダチョウが走るのもゾウが走るのもネズミが走るのも、見た目は全く違うが「走る」という言葉でくくってしまえば、同じ行為に見えてくる。それは違うものをいちいち説明しなくてもすむ節約の方法である。もうひとつ言葉の重要な機能は比喩である。曲がりくねる川を見てヘビを連想して「蛇行」と名づける。森の大木に老人の顔を見たり、可憐な花に妖精の姿を重ねたりする。夜空にちりばめられる星を見て、動物や人間の形をした星座を想像する。これらはみな言葉の成せる業だ。私たちは人間の性格をいい表わすときに、「オオカミのように残忍な」、「イヌのように従順な」、「ブタのように欲張りな」といった比喩を使う。それはそれぞれの人の行為をいちいち事細かに説明するより、比喩を使ったほうが簡単で、しかも一瞬のうちに理解可能だからである。言葉はこのように人や物事を簡便に表現することが得意なのだ。

イギリスの認知考古学者スティーヴン・マイズンは『心の先史時代』を著わして、人類は生態的知性、道具的知性、社会的知性という3つの異なる知性を脳の中に別々のモジュール（部品）として発達させてきたという仮説を提示した。言葉はそれらをつないで認知的流動性をもたらし、「文化のビッグバン（大爆発）」を起こしたというわけだ。これまで、ヨーロッパに君臨していたネアンデルタール人がなぜ現代人ホモ・サピエンスによって周辺部に追いやられ、絶滅したのか大きな疑問だった。ネアンデルタール人は私たちと変わらぬ大きさの脳（むしろ少し大きめの脳）を持っていたのに、生き長らえることができなかった。それは言葉の有無によるのだろうとマイズンはいうのだ。5万年前にヨーロッパに現われた現代人は、ブレスレットやネックレスなど膨大な量の装飾品を残しているし、彫刻や壁画など芸術作品を制作している。そういった痕跡をほとんど残さなかったネアンデルタール人と比べて、現代人の旺盛な文化活動をマイズンは「文化のビッグバン」と表現したのだ。現代人は言葉によってそれまで独立して発達した知性をつなぎ、比喩によって創造性を高めて新しい環境に適応できたおかげで、言葉を持たないネアンデルタール人をしだいに凌駕したというわけである。

認知的流動性とは、それまで独立して発達してきた知性のモジュールが言葉によってつながれたことを指す。生態的知性は社会的知性とつながったおかげで、山や谷が人間の顔や動物の身体に見えるようになった。道具的知性と社会的知性がつながったことで、人を道具のように使えるようになったし、道具を人の手や足に見立てて使えるようになった。つまり、言葉はアナロジーで世界を見る能力を高めて応用や創造の力を拡大したのである。

ドイツの3万2000年前の遺跡から発見された「ライオンマン（顔がライオンで身体は人間）」は、人類最古の彫刻として知られている。おそらく当時の人間はライオンの雄々しさと気高さを身につけるためにこの像を造ったのだろう。同時代のヨーロッパの遺跡からは乳房や臀部（でんぶ）が強調された女性の像もたくさん見つかっている。これは「旧石器時代のビーナス」といわれ、多産や安産への期待が込められていたと考えられている。これらの資料は、言葉をしゃべるようになったサピエンスが、現実とは違うものを期待して造形するようになったことを示唆している。ひょっとしたら、言葉はトーテミズム（※注2：P.104）のように、人間が自分たちのアイデンティティを他の動物や植物と結びつけて力を拡大することから始まったのかもしれない。

最近では、ネアンデルタール人もアクセサリーで身を飾っていたし、埋葬習慣や、石器を木の柄に装着する技術も持っていたことが知られるようになった。現代人もアフリカを出る前に、またアジアでも、さまざまな技術を開発していることがわかってきた。ヨーロッパでビッグバンが起きたというのはいい過ぎだろうと思う。しかし、7万数千年前の南アフリカのブロンボス洞窟で、石片に刻まれた最初の抽象模様とともに貝殻で作ったビーズや身体装飾に使ったと見られるオーカー（酸化鉄の赤い顔料）などが出ている。サピエンスは言葉とともに変身願望を高めたのだ。

おそらく、変身願望は共感能力のうえに言葉とともに現われた意識であろう。人間の祖先は熱帯雨林を出てから、肉食動物が闊歩する草原で直立二足歩行を駆使して食物を安全な場所に運び、食事や共同の子育てによって仲間の身になって協力し合う共感力を身につけた。それが言葉によって人間以外の動物や植物、そして地理的環境へも向かい始めたのである。動物の身になって行動を予測するほうが狩りの成果は上がるし、岩のように固い意志を持ち、青空のように清々しい思いを抱くことが、人間関係をより多様で組み替えやすくしたのだろう。現代人はネアンデルタール人より広いネットワークを持ち、人や物がより遠くへ移動したことがわかっている。おそらく言葉を駆使した交流がはるかに勝っていたために、現代人は急速に世界へ広がったのだろうと思う。

「旧石器時代のビーナス」はドイツ南西部ウルム近郊ホーレ・フェルス洞窟から出土。ホモ・サピエンス最古の芸術作品といわれる。マンモスの牙製で高さ約6cm。ブラウボイレン先史博物館蔵。

写真／小川　勝

「ライオンマン」の立像はドイツのドナウ川上流のシュターデル洞窟から出土した。マンモスの牙製で高さ約30㎝。ウルム博物館蔵。

しかし、繰り返していうが言葉は相手の気持ちを知るコミュニケーション・ツールではない。それを決して忘れてはいけない。言葉はただ、世界を切り取り、主客を組み替えて、新しい物語を紡ぐ手段なのだ。そのことを私たちは今度の新型コロナとウクライナ侵攻で思い知らされた。言葉は現実にはない世界も創造することができる。言葉は誤った情報と結びついて虚構の世界を作り、人々の共感力に取りついて不信や敵意を煽(あお)る。情報が氾濫する現代、私たちは言葉の真の役割に気がつかねばならないのである。

同じ言葉でも、それを発する人、受け取る人、互いの関係、置かれている状況、さらには声の大きさ、高さ、抑揚、表情、手振り、身振り、態度によって意味は微妙に変わる。全く同じ会話は二度と繰り返されないのだ。それが文字になったとき、相手はいない。発信者の意図と受信者の解釈にはずれがあり、それを即座に修正することはできない。SNSはその事実を無視してまるで対面したかのように会話を演出する。その危険に気づき、言葉に過度に頼らず、出会って身体で共鳴し、交流する機会を多く持つことが、言葉の原点に帰るもっとも賢明な手段だろうと思う。神は人間に言葉を与え、世界を創造してすべてのものを調和に導く力を与えたのだ。決していがみ合い、滅ぼし合う結末を予期したのではない。今はそう信じたいと思う。

グローバルな道徳がなければ平和はない

私たちがまともな社会生活を送るうえで、道徳の遵守は欠かせない。最近は道徳の劣化がよく話題に上り、小学校の学習指導要領にも道徳教育の重要性が明記されるようになった。だが、人間にとって生きるために必要な道徳は、学校で学ばなければ会得できないものだろうか。私たち人間の世界には「黄金律」と呼ばれる倫理がある。「他人にしてもらいたいと思うような行為をせよ」という行動基準で、世界のどこでも、あらゆる民族や宗教に見られる基本的な道徳といっていいだろう。これは人間以外の動物には見られない。動物には仲間と自分との間で何が違っているかという状況判断や、仲間が自分に何をしてほしいかという気持ちを推し量る能力が欠落していると思われるからだ。

しかし、動物たちは本当に仲間の気持ちがわからないのだろうか。1950年代、1960年代にアメリカで行なわれた実験がある。ラット（ドブネズミの一種）を、レバーを押すと餌がもらえるように訓練した。次に、2頭のラットを別々のケージに入れ、一方のラットがレバーを押して餌を取ると、もう1頭のラットには電気ショックが与えられるようにした。すると、ショックを与えられて仲間が跳ね回る姿を目撃したラットは、それ以上レバーを押すのを止めた。同じ実験をアカゲザルで行なうと、何と12日間も飢え死にする寸前まで餌を取ることを拒み続けたサルがいたという。ラットやサルにも仲間の苦しむ姿を見たくない、自分がその原因になりたくないという気持ちがあるのだ。

1992年に、イタリアの研究チームがサルの脳にミラーニューロンと呼ばれる特別な細胞があることを発見した。この細胞は、サルは自分が何かしているときだけでなく、仲間のサルがするのを見たときにも発火する。つまり、サルは仲間の行為を目撃することによって、あたかも自分がするように感じるのである。サルにも共感能力があるのだ。でも、長年チンパンジーの研究を続けてきたオランダ生まれのフランス・ドゥ・ヴァールは、共感と同情は違うという。共感とは、他者についての情報を集めてそれを他者と同じように感じるプロセスだ。同情は、さらに他者に対する気遣いと、他者の境遇を改善したいという願望を反映する。そして、サルには共感する能力はあるが、同情する能力が希薄だという。同情には、相手の置かれている苦境を理解する認知能力と、相手を助けたいという気持ちが必要だからである。

典型的な例がアフリカのオカバンゴという大湿地帯に棲むヒヒで報告されている。ここは乾季の間は乾いた草原だが、雨季になると遠くで降った雨が川となって流れ込み、大きな湿原となる。ヒヒは泳ぐことができるので、ライオンなどの肉食動物に襲われたら、水に飛び込んで逃げる。でも、赤ちゃんを腹に抱えたヒヒの母親は、そのまま水に飛び込むので、赤ちゃんがおぼれ死んでしまうことがよくある。ヒヒは自分ができることが赤ちゃんにはできないと理解する能力が欠けているせいだという。

類人猿にはこの能力がある。オランウータン、ゴリラ、チンパンジーは、まだよちよち歩きの赤ちゃんが階段から落ちそうになると、事前に手を伸ばして支える。ヘビなど危険なものに近づこうとすると、あわてて赤ちゃんを引き戻す。明らかに、赤ちゃんには自分と同じ能力がないことを知っているのだ。チンパンジーは傷ついた仲間に近づいて、抱きしめたり、傷をなめたりすることがよくある。おとなに攻撃されてうずくまっている子どもに、別の子どもが手を伸ばして抱きかかえることもある。また、ゴリラは仲間どうしのけんかに介入して、両者をなだめ、傷ついたゴリラに顔を近づけることがある。これは仲間を慰める行為だと見なされている。とくに、けんかに直接関わっていない第三者が仲裁し、慰めるのは類人猿にしか見られない。類人猿は、自分が関わることによって状況が変わり、苦境にある仲間の気持ちが和らぐことを知っているのだ。

アフリカの中央部にそびえるヴィルンガ火山群でマウンテンゴリラの調査をしているとき、いくつかの群れに手や足のないゴリラがいることに胸を痛めた。これは、密猟者がアンテロープ類を捕るために仕かけた罠のせいである。針金で作られた輪に手足を取られ、吊り上げられて締めつけられた結果、手足の先が落ちてしまったのである。私たちは罠を見つけしだい、それを壊して押収していたが、被害はなくならない。しかし、ベートーベンと名づけた老齢のシルバーバック（背中の銀白色のオス）がいる群れには手足のないゴリラはいなかった。それがなぜかを、あるとき私は目撃したのである。

ゴリラたちが騒ぎ始めたので近寄ってみると、3歳の子どもゴリラが罠にかかり、手を吊り上げられて悲鳴を上げていた。輪が締まって痛そうだ。でもこれをはずすのは難しい。体を引っ張れば、ますます輪が締まってしまい、緩めることができなくなる。すると、ベートーベンは子どもを抱き上げて罠を吊り上げている枝を折り、それから輪をたわめて手を抜いたのである。何と、ベートーベンは罠の仕組みを知っており、子どもの動きを封じて上手に罠をはずしたのだ。同じようなことは、動物園でも見られている。スウェーデンの動物園で、チンパンジーの子どもの首にロープが巻きついて苦しそうにもがいていた。すると、最年長のオスがやって来て子どもを抱き上げ、ロープを緩めてはずしたのだ。ゴリラとチンパンジーの成功事例から、彼らが物事を客観的に見る認知能力と、子どもを助けたいと思う同情心を持っていることがわかる。

さて、では人間以外の動物は自分とは違う種を助けようとするだろうか。じつはその例がゴリラで知られている。1996年にアメリカのシカゴのブルックフィールド動物園で、ゴリラを見ていた3歳の男の子がうっかり身を乗り出し過ぎて、ゴリラたちと観客を隔てていた堀の中に落ちてしまった。コンクリートの床に身体を打ちつけて気を失った男の子に、ゴリラたちは興味を示して集まって来た。力持ちのゴリラのおもちゃにされたら、大けがをする。危ない！　でも、飛び降りて男の子を助けようとする勇気ある人はいなかった。飼育員たちはホースで水を勢いよくかけてゴリラたちを遠ざけようとした。すると、ビンティという名のメスゴリラが放水の雨を振り払いながらやって来て、男の子をやさしく抱き上げ、あやしながら運んでいって飼育員の出入り口にそっと置いたのである。

ビンティはこの男の子の危機を悟って、ゴリラの手にかからないように保護したのだろうか。いや、そんな認知能力があるわけはないという意見が相次いだ。ビンティは母親が育児放棄をしたために人間の手で育てられた。人形遊びもしたことがある。だから、自分が抱かれた経験から男の子を抱き上げたくなって、あるいは人形遊びのような気持ちになったに違いないという意見である。でも、ゴリラやチンパンジーの研究者は、ビンティがどうすれば男の子の危機を救うことができるかをきちんと理解して行動に出た、と考えた。私もその意見に賛成である。ビンティはわざわざホースの水を浴びながら男の子に近づいた。しかも、抱き上げるだけでなく、飼育員の出入り口まで運んだのである。自分の興味ではなく、どうすれば男の子が救われるかを知っていなければできない行為ではないか。

人間は他の種の動物を助けることにとても熱心である。巣から落ちてもがいているひな鳥や、羽が折れて飛べなくなった鳥たちを見つけると、大事に保護して餌をやり、飛べるようになるまで面倒を見る。傷ついたキツネやタヌキを見つけると、たとえそれが人間に害をなす動物であっても保護して治してやろうとする。こういった同情の能力があるからこそ、人間はペットを飼ったり、家畜の世話をしたりできるのである。それは、ゴリラやチンパンジーが持つ能力を人間が大幅に拡大できたからに違いない。

人間は共感や同情の対象を他の種に広げただけでなく、仲間に対してそれを強めたことに特徴がある。それは自己犠牲の精神に反映している。危機にある仲間を救うために自分のいのちを懸ける。しかも自分の子どもや近親者だけでなく、血縁関係のない赤の他人さえ身を賭して助けようとする。ブルックフィールド動物園でゴリラの群れに飛び込んで子どもを助けようとする人はいなかったが、もし子どもが川でおぼれそうになっていたら間髪いれずに大勢の人たちが飛び込むだろう。この行為こそ人間の社会力を強め、これまで地球上の新しい環境に進出するたびに危機を乗り越えてきた原動力といえる。

動物たちから見たらとんでもない行為が、なぜ人間の美徳となったのか。19世紀に進化論を唱えたチャールズ・ダーウィンも、この自己犠牲的な行動の進化的な解釈に困惑している。自然選択を経て残るのに必要なのは、自分の遺伝子を受け継ぐ子孫をたくさん残す行動である。死んでしまったら子孫を残せない。近親者を助ければ自分の遺伝子が少しは子孫に伝わるが、見ず知らずの他人を助けて死んでしまえば遺伝子は残せない。どうしてそんな行動が人間だけに残ってきたのか。それを動物に共通する社会本能としてダーウィンは解釈した。動物にも自分が心地よく暮らすために仲間を助けたいという心の働きがある。それを人間は言葉によって意味づけ、他者の行ないや自分の過去の経験と比べてその是非を判断するような良心を発達させたというのである。しかし、自己犠牲の精神は言葉の登場以前に確立されていたと私は思う。人類が類人猿の棲めない草原へ足を踏み入れたのも、アフリカ大陸を出て多様な環境へ進出したのも、まだ言葉をしゃべっていない時代だった。自己犠牲は道徳というより、美徳と呼ぶにふさわしい行為であると私は思う。

人間には顔を赤らめるという性質がある。これは周囲や自分の期待と反することをしでかしたときに起こる現象だ。生理現象だから意図的に止めることはできない。肌の色に関係なく、人間は誰でも赤面する性質を持っているが、類人猿にはない。だから、赤面は人間の祖先が独自の進化の道で身につけた特徴である。人間は仲間が自分をどう評価しているかを常に気にかけ、それに反するような行為を控えようとする傾向がある。その行動基準が道徳になる。道徳には文化によってさまざまな違いがあり、そのルールに違反した場合の罰則もさまざまだ。罰則ができる前の、恥を感じて赤面する気持ちこそが、どこの人間にも共通の自然の道徳といえるだろう。

進化は利己的だとは誤解で、じつは利他的であると私は思う。おそらく、自己犠牲の精神は人間が共同の育児をするようになったころに、血縁以外の子どもたちに手厚い保護の手を差し伸べるようになって発達し始めたのだろうと思う。文化の壁を超えて、子どもに救いの手を差し伸べない者は恥っさらしの汚名を着せられる。その習慣がやがて子ども以外にも、さらには別の種の動物たちにも向けられるようになったのだ。人間は共感と同情を基調にした利他的な社会力を強め、それを道徳として社会の規模を拡大したのである。

しかし、道徳が通用する範囲はいまだに共同体の内部に限られている。国や民族や宗教の境界を超えてはあまり働かない。それが、戦争の世紀を終わらすことのできない私たちの課題である。しかも、人間の共感と認知の能力は同情へ向かうだけでなく、利他など吹き飛ばして正反対の相手をだましたり、その苦境を喜んだりすることにも使われている。他者の気持ちや置かれている状況がわかる故に、いじめやDVが発現するのだ。SNSの出現でそのネガティヴな影響力が一層増している。グローバルな時代の道徳のあり方をその原点に帰って考え直さねばならない時代なのである。

（※注２）トーテミズム：自分たちの祖先であると考える特定の動植物、あるいはその部分を崇拝する信仰体系。アフリカ、オセアニア、インド、北アメリカなどに今なお保持する人々がいる。

1980年代初頭の著者。ヴィルンガ火山群のルワンダ共和国領内でマウンテンゴリラの調査を始めたころ。誘き寄せる餌づけではなく、時間をかけて調査者を受け入れてもらう人づけという調査方法が実践された。

人間以外では珍しくゴリラは対面をする。あいさつ、和解など共感力を高めるためだと考えられている。ゴリラは戦いを避け、群れの中のけんかにはリーダーばかりではなく若者や子どもまでも仲裁に入る。

第3章

日本人の自然観こそ地球を救う手がかり

自然と文化を切り離さない日本人

イギリスの歴史家サイモン・シャーマは2005年に邦訳された『風景と記憶』で、「風景は自然である前に文化である」と述べている。たしかにそうだ。「山紫水明」というが、これは山が陽の光の中で紫色に霞み、川が澄みきって美しく見えることを指している。美しい自然の風景を表わす言葉であるが、山はいつも紫に見えるわけではない。日本人の心にこの色が清浄な美しさを示すのである。清少納言の『枕草子』の冒頭も、「春はあけぼの。やうやう白くなりゆく山ぎは、すこしあかりて、紫だちたる雲のほそくたなびきたる」と記されている。世界の色は土地の文化に染められた人の心を表わすのかもしれない。私が長く暮らしたアフリカの熱帯雨林で、いっしょにゴリラの調査をした地元の人に絵を描いてもらったことがある。何と人物は紫色に、ウシは赤色に塗られていた。私から見たら地元の人は黒色に、ウシは茶色に見えるのだが、彼にはそんな色に見えるらしい。私と彼で視力が違うはずがない。文化のフィルターを通して見る世界の色が違うのだろう。

私たちが美しいと思う風景も時代や文化を反映している。雪山は今でこそ美しい風景として映るが、江戸時代までは一般の人が行く場所ではなかった。神々の座であり、山伏や猟師しか分け入る人はなく、遠くから眺める神々しい風景だったのではないだろうか。それが明治以降、登山やスキーが流行り、白樺並木や樹氷が美しい風景となった。これは欧米から輸入された文化である。

日本でも時代によって移り変わる景色がある。日本の原風景といえば西日本以南にある照葉樹林である。しかし、1914年に文部省唱歌として発表された「故郷（ふるさと）」は、「兎追ひし彼の山、小鮒釣りし彼の川、夢は今もめぐりて、忘れがたき故郷」となっており、これはまさしく田園の風景だ。田園は米作が始まって開かれたものだから弥生時代以降であろう。ただ、今でも神社はクスノキやシイノキなど照葉樹林に覆われている。日本人が神々の聖なる場所として拝む神社には縄文の原風景が、暮らしの中心には弥生以降の原風景が宿っているのかもしれない。その田園風景も急速に変わりつつある。私たちの心にあるのは茅葺（かやぶ）きの屋根とたんぽぽのあぜ道、れんげの咲く春の田であり、ドジョウやゲンゴロウが泳ぐ夏の小川、黄金色に実る稲穂と刈り取られた田んぼの秋の風景である。しかし、都会から車で畑に通い、温室栽培が流行り、自動耕運機や田植え機が活躍する昨今、そんな風景はもうどこにもなくなるかもしれない。

それでも時代によって変化する風景を超えて、欧米と日本ではそもそも自然の見方が違うようだ。それを指摘したのは20世紀前半に活躍した西田幾多郎、和辻哲郎、今西錦司という日本の思想家たちであった。

欧米の伝統的な考え方では、主体である人間と環境である自然は明確に区別される。人間以外の生物は自然の一部であり、言葉と意識を持つ人間だけが自然を計画的に改変できる。すべては自然の法則にしたがって動いており、生物はその自然の動きに適応するように進化してきた。人間だけが自分たちの意思で自然を作り変えることができ、それを神から与えられた権利と義務だと考えてきたのである。デカルトの「われ思う、故にわれあり」という言葉は、世界の存在をどこまで疑ってみても、それを疑っている自分は疑うことができないことを意味する。すなわち、自己の意識こそがこの世界を成り立たせている根拠だというのである。これを「主語の論理」という。英語やフランス語では文章には必ず主語がある。誰が主体であるかをはっきり示さねば、その文章が示す世界がわからないからである。

西田幾多郎（1870〜1945）は京都大学教授を務めた哲学者。仏教思想と西洋哲学を融合した西田哲学には古くからの日本人の自然観が礎にあり、今西錦司ら自然科学者にも影響を与えた。写真／石川県西田幾多郎記念哲学館

和辻哲郎（1889〜1960）も京都大学教授を務めた哲学者。単なる自然環境ではなく人間の精神に織り込まれた自己了解の空間として風土を説いた。写真／国立国会図書館

これに対して日本語は「述語の論理」によって構成されていることが多い。たとえば、「昨日は遠足だった。バスでトンネルを抜けると秋の紅葉が真っ盛りだった」という文章を見てみよう。この主語は当然「私」なのだが、どこにも「私」という語はない。紅葉を見たのは「私たち」かもしれないし、あるいはそれを見た友達から聞いたのかもしれない。でも、主語がなくても私たちにはその情景がわかる。なぜなら、日本語は見ている者がその風景に溶け込んでいると見なすからだ。それが自分であろうと誰であろうと構わない。要はその風景に一体となった自分を感じられるかどうかということだろう。

西田は、人間を含むすべての生物は環境と切り離すことができないと考えた。西田の言葉を借りれば、「科学的態度とは、対象を見ている主体があり、その主体から切り離された対象があり、主体がその対象を観察して分析することで生み出される」。環境を客観視できるからこそ、近代科学は人間の都合のいいように環境を大幅に改変することができたというのである。近代科学は時間を単に空間化して（直線と点に置き換えて）幾何学的に見てきた。しかし生物は常に動いている。生きるという働きに立脚して見るならば、その働きは行為的に見られるものでなければならない。生命における時間というのは、生きる行為にとって直観的に感じ取られるものであるはずだ。生物は時間と空間という相異なる現象を同時に直観的に感じることができる。そう捉え、主体である自分を周りの環境から独立した存在と見るのではなく、関係性の網の目の中にいると見なす。西田がすくい取ったのは日本の伝統的な感性である。

和辻も自分が旅した世界をモンスーン、砂漠、牧場という3つの「文化圏」に大別し、「風土が人間の自己了解の仕方である」と述べている。ここでいう「風土」とは環境でも風景でもなく、そこに暮らす人間と一体になったものであり、人間の精神世界の表象であるといってもいい。これも「述語の論理」といっていいだろう。

今西は、すべての生物はもともとひとつのものから分化したのだから、互いに認め合う能力を持っているはずであると見なす。そこには「認め合いの起こる場」がなければならず、それがそれぞれの種の生物と一体となった環境だというのである。その場とは、単なる生活空間といったものを指すのではなくて、どこまでも生物そのものの継続であり、生物的な延長をその内容としていなければならない。「絶えず働かねばならぬ生物の生活とは、環境の同化であり世界の支配であり、それは結局生物に具(そな)わった主体性の発展ということにほかならない」「変異ということそれ自身もまた主体の環境化であり、環境の主体化でなければならぬ。生きるということの一表現でなければならぬ」と述べている。

じつは、彼らのような考え方は西洋にもあった。ドイツの生物学者で哲学者のヤーコプ・フォン・ユクスキュルは、１９３４年に『生物から見た世界』を著わし、それぞれの動物はその種に備わった能力を用いてそれぞれ別々の「環世界」を認知し暮らしていると主張した。つまり、生物はその環境と切り離せない関係にあり、それぞれの種はその環境を「担い込んで」いる。われわれ人間にとっての環境は、イヌやハエの環境とは異なる。生物にとっての「環世界」は人間にとっての「風土」である。「風土」は人間にとっての主体性を前提としており、生態学が定義する「自然環境」とは異なるのである。しかし、この考え方が西洋世界の主流となることはなかった。ドイツの哲学者マルティン・ハイデッガーはこの考えを聞いて、「ダニは貧しい世界に暮らしている」と述べたと伝えられている。明らかにこの感想は「環世界」の概念を誤解している。

先の３人の日本人思想家のうち昆虫少年だったのが今西錦司である。今西は成長してから昆虫を集めて標本箱にとどめている自分の行為を「死物学」と反省し、これからは生きている生物の研究「生物学」をやろうと決心したと述べている。生物を分類しようとすれば、その動きを止め、身体を部分に分けて比較しなければならない。しかし、それでは生物を部分的に理解したことにしかならない。分類学に限らず、生態学も生理学も行動学も、生物のある動きや働きを取り出して分析をする。それでは生物の本質である「生命の流れ」や「未来を先取りする」能力を知ることはできない。生命とは「絶えず動くもの」なのである。

今西は1980年代になって「自然科学」ではなく、「自然学」をやろうと宣言した。自然を要素に分け、その機能を調べる自然科学は、生命の流動する関係を静止したものとして切り取り、操作可能なものとして人為的に作り変えようとした。部分に分けず、全体を丸ごと理解することが必要だというのである。そのためには、「関係性」と「流れ」に目を留める必要がある。地球という関係のネットワークを通じて、エネルギーや物は循環しながらその安定を保っている。客観的に物事を観る前に、関係のただ中に踏みとどまり、さまざまな立場に立って物事の行く末を判断する視点を持たねばならない。

それにはまず、客観主義的な、還元主義的な考えを改め、人と人、人と自然のつながりを再認識することが必要だ。これまで私たちは西洋発の自然科学の手法にしたがい、自然から距離を置き、自然を操作可能なものとして認識し、搾取し利用してきた。果ては人間自身も、自分の臓器や心までも客観的に眺め、それを改造しようとしてきた。その際、私たちがとった方法は対象を分類して部分別に切り分け、それらを徹底的に分析してそれぞれの機能を高め、ある目的のために統一して機能を発揮させるように仕向けることだった。しかし、自然も人も部分に切り分けられるものではなく、すべてがつながり合って影響を与え合っていると考えるべきなのである。

今西の自然学にしたがえば、人間も他の生物も環境に働きかけることによって主体性を持っている。そして、生物どうしはその場を共有しつつ直観を用いて認め合い、棲み分けている。それを感じられる能力、すなわち共感力を人間はとくに高めてきた。それを人間に対してだけ用いるのではなく、同種の仲間、異種の生物へも発揮して、多様な生物が広く共存するコミュニティを新たに作らねばならないのではないだろうか。

現代は情報化によるグローバルな時代である。今後ますます物や人の動きが加速するだろう。すでに世界の半分以上の人口が都市に住んでいる。しだいに人々は自然から距離を置き、技術や人工的な環境に依存する度合いが強くなるだろう。しかし、情報だけに依存して行為を決めるのではなく、自然の動きに絶えず目を留め、それを心身で感得することが必要だ。ＳＮＳは通信手段として利用されるだろうが、コミュニティには「認め合いの起きる場所」が不可欠だからである。その場所はインターネット上のヴァーチャルな空間ではなく、自然が豊かで、画一的な予想ができないものである必要がある。生物としての人間は何百万年も自然の一部として心身を鍛えてきた。未来のコミュニティは個人がそれぞれ個性を持った存在として認め合わなければならず、そのためには個性を発揮できる多様な環境が不可欠である。インターネットの均質な空間と違い、常に姿を変え、時間とともに移りゆく自然は私たちの予想を裏切り、人々の直観力を導き出して個性を発揮させる。そこに新たな創造が生まれる契機が潜んでおり、コミュニティを刷新させ活気づかせる原動力がある。

私たちにとっての風景は文化のフィルターを通した自然である。しかし、だからこそ反作用として自然は文化を創り、文化が私たちの情緒を作る。心と一体になった自然をどのように守るか。それは科学技術ではなく、私たちの感性に大きく依存しているのである。

第二のジャポニスムがやって来る

日本のアートが世界を変えた時代があった。それをジャポニスムと呼ぶ。19世紀の後半のことである。

ジャポニスムとは芸術や工芸、茶道や華道、庭園などの日本の文化の総体が、西洋に熱狂的に受け入れられた時代である。その端緒は1855年にパリではじめてとなる万国博覧会が開かれた際、会場の外で売られていた扇子や団扇だったという。『ジャポニスム─流行としての「日本」』で美術史家の宮崎克己は、当時の芸術の中心だったパリの市民たちが、自分たちの私的空間を飾ろうという意欲に満ちていたと語る。それまでの体制的イデオロギーの芸術ではなく、市民の芸術へと向かい、「個人の記憶や趣味の反映したオブジェに取り囲まれた自分だけの空間を望んだ」。それを実践したのは婦人たちで、日本の作品が政治性を持たなかったことも好まれる理由になったらしい。1872年に扇子が79万本、団扇が98万本も輸出された。

そこに描かれた浮世絵に衝撃を覚えたのが西洋の画家たちだった。真っ先に注目を集めたのは北斎漫画で、浮世絵も西洋の伝統を無視した数々の手法が驚きの目を持って迎えられたという。西洋の絵画はちょうど窓枠から眺めるような遠近法で構成され、人物が主体で背景は弱く薄く描かれていた。ところが浮世絵では扇形に面を切り取り、空間構成も自在、人物よりも動物や植物など自然の情景をリアルに描き、原色を思う存分使っている。この視覚性豊かな技法と庶民の生活に融け込んだ図柄が、ゴッホ、ゴーギャン、マネ、ロートレックなどの前衛的な画家たちに受け入れられ、色彩、空間、線といった造形を変えるのみならず、個人的な意味の追求へと変革を起こし始めたという。

西洋の庭園はそれまで神の視点や君主の見下ろす角度を重視して作られていた。宮殿が上部にあり、そこから下へ左右対称に広がるように幾何学的に作られるのが常識だった。そこに、自然の風景を再現するような、非対称で岩や築山で曲線や勾配をつけた日本の庭が登場した。神の視点も君主の支配力も反映していない。しかも、日本の庭は山、川、森、海などが見立てられており、眺めるだけでなく、歩いてめぐりながら自然と対話するようにできている。

さらに、虫や鳥などの姿を入念に取り入れた工芸品、原色を派手に盛り込んだ衣装、祭

奇抜な構図でウメを描く一方で人物は素っ気ない。江戸時代後期の代表的浮世絵師、歌川広重の「亀戸梅屋舗」。ファン・ゴッホが模写したことは有名だ。国立国会図書館蔵。

西洋の人々は、西洋と交わらなかった日本が発達させてきた情緒と感性に、西洋の人々はこれまで気づかなかった人間の新しい可能性を見出したのだろう。それは神への疑いを生じさせて、「神は死んだ」と宣言したニーチェに代表される実存主義を生み出す契機になったとも考えられる。また、自然や動物に対する強い関心を呼び起こし、動物行動学や生態学が創始され、ヤーコプ・フォン・ユクスキュルのような、人間と動物たちはそれぞれの種の感性によって異なる環境を認知していると考える知性を輩出して、「環世界」という概念が生み出された。このような新しい世界観や自然観はハイデッガーやモーリス・メルロ＝ポンティなどの哲学者やル・コルビュジエなどの建築家に影響を与えたといわれている。つまり、日本の芸術は西洋の美術に新しい風を吹き込み、世界を認知する様式を変化させて思想界を大きく振動させる震源になったというわけだ。

しかし、そもそも西洋から見て日本の芸術が変わっていたというより、ユダヤ教やキリスト教など一神教の中で大きな制約を受けてきた西洋の芸術のほうが、偏った芸術風土を形作ってきたのではないだろうか。ドイツで発見された人類最古の彫刻とされるライオンマンも人間とライオンの融合であるし、ラスコーやアルタミラの洞窟で人類の祖先は壁画に野生動物を生き生きと描いている。西洋でも決して人間だけが主人公ではなかった。おそらく人類は火を常用し、リズムをとって歌い踊るようになってから、動物たちや異世界に憑依し始めたのではないだろうか。そこには現実とは違う世界を構想し、常識から抜け出そうとする反抗や遊びの精神が垣間見える。

日本はそういったアニミズム的要素を1万年以上も続いた縄文時代に文化として開花させ、弥生、大和時代にも絶やすことなく引き継いできた。中国から漢字や仏教文化が伝えられても、「大和ことば」は話し言葉やひらがなとして残った。7～8世紀に編纂された日本最古の和歌集とされる『万葉集』でも、それぞれの和歌は声に出して歌うもので、音楽として楽しむ詩であった。そこに多様な動物や植物が登場する。鳥の声を人間の言葉にして聞いたり、多様なオノマトペによって風景を描写したりするのは日本人特有の感性である。京都の高山寺に伝わる鳥獣戯画は12～13世紀に複数の作者によって描かれたとされるが、筆による線画であり、その簡潔な表現によるカエルやウサギやサルの躍動感が見事に伝わってくる。それらの動物が演じるドラマはいかにも人間臭く、滑稽な姿で笑いを誘う。そしてそこに、日本人は動物でもあり、人間でもある世界を見るのである。これが「見立て」という日本人独特な鑑賞法で、あらゆる場面にこの「見立て」が応用される。たとえば盆栽はミニチュアの鉢植えであるが、そこに大木や古木の姿を見る。こけしは木の人形であるが、そこに魂を持った何ものかを写し見る。人形浄瑠璃、文楽は江戸時代初期に作られた、太夫（たゆう）・三味線・人形が一体となった総合芸術である。西洋の操り人形は人間以下の存在の場合が多いが、3人の黒子によって操られる文楽は人間以上の深いドラマを演じる。そこに日本人は社会の枷（かせ）に捕えられた人間の深い闇を見たりするのだ。

浮世絵にも日本人独特な感性が溢れている。北斎や広重の風景画は人間ができない視点に立って描かれている。実際に見た風景を自分の頭の中で動かし、ときには空中に浮かんで描いたとしか見えない構図がある。これは絵巻物に由来する描き方かもしれない。巻物に描かれた絵は場面や主人公が次々に変わり、視点や空間も自在に変化していく。また、現実の空間の奥に幻想の異世界があったりする。多様な姿をした妖怪や物の怪（け）、酒呑童子（しゅてんどうじ）などが生き生きと描かれたりする。西洋の絵は人物画が中心で必ず背景が描かれているが、日本画には背景が白紙のものがある。室町時代の画僧雪舟も、明治生まれの日本画家上村松園（しょうえん）も余白の美を描く画家として有名だ。何も描かれていなくても、日本人はそこに何かの存在を感じることができるのである。

日本の文学や文化を西洋に紹介し続けてきたドナルド・キーンは、2015年に京都大学で私と対談した際、「日本人は決して過去に背を向けない民族」と述べた。遠くはるかな過去はいまだに日本の現代に入り込んでいる。「千年も昔の暮らしが現代に息づいている都市なんて、京都以外に世界中どこにもない」とも。さらに『日本人の美意識』の中で、「花より団子」といわれるが、花を団子（政治や経済）より重んずるのが日本人の特性であり、「源氏物語の時代から今日にいたるまで、多くの悲惨な出来事にもかかわらず、日本人はかつて美を礼賛する態度を失ったことがない」と讃えている。

さて、その精神が再び世界の注目を集めている。それは和食であり、マンガやアニメという日常生活に深く入り込んでいる現代アートである。かつてジャポニスムを引き起こした扇子や団扇のように、政治性やイデオロギーのない表現の中に世界観を変えるような触媒作用が潜んでいる。2013年に和食はユネスコの無形文化遺産に登録された。これは和食の材料や調理法だけではなく、「自然を尊ぶ」という日本人の気質に基づいた「食」に関する「習わし」が対象とされている。南北に長い列島で四季に応じて多様な自然の素材を食卓にちりばめる調理技術が発達し、それに合わせた器や調度品が揃えられ、「うま味」を使う栄養バランスのとれた食材が並ぶ。そして、何より和食は数々のお祭りや行事に使われて人々のきずなを強めてきた。キーンが指摘したように、ローマやパリでは遺跡は残っているが、18世紀や19世紀の服を着て鵞ペンで字を書く人などいない。日本では室町時代の和服を着て畳に座り、お茶を楽しみながら毛筆で字を書く人が日常的に見られる。和食にもこの古式ゆかしい形や作法が反映されている。そこに憧れを抱く欧米人が増え、各国に和食のレストランが急増しているのだ。

現代のマンガのルーツは日本ではなく西洋にあり、長編アニメーション映画も20世紀前半にディズニー社によって初上映された。しかし、それが日本で大きく改変され、独自の魅力を持って海外へ発信されている。雑誌『ｋｏｔｏｂａ』２０２３年冬号の特集「マンガの現在」によると、絵をコマで区切り、テキストを添えたストーリーを展開させたのは、19世紀前半に活躍したスイスの作家ロドルフ・テプフェールである。それがドイツやフランスでフォロワーを生んで風刺漫画となり、日本にもその波が入ってきて１９２３年に雑誌『アサヒグラフ』で「正チヤンの冒険」というコマ割りマンガが始まった。日本から欧米への「逆輸入」が本格化するのは1990年代以降だという。しかし、それにしても最近の日本マンガの海外での盛況ぶりは驚異的だ。特集によると、2021年にフランスで販売された日本マンガの部数は約4450万部、北米は約2500万部で、どちらも2020年と比べて倍増している。現在の世界人口は19世紀の4倍になっているが、前述の扇子や団扇の販売数と比べても途方もない数になっている。2022年9月におけるアメリカのグラフィックノベル（長く複雑な物語を備えたアメリカンコミックスの総称）の月間売り上げランキングトップ10のうち9作品を日本マンガの英語訳が占めているという。

私もここ数年、ドイツに行く機会が増えているが、タクシーに乗るたびに運転手さんからマンガの話題を振られる。「ワンピース」といわれて最初は何のことかわからなかったが、人気マンガの題名とわかって納得した。書店の店頭には日本のマンガがずらりと並べられているし、日本のアニメもしょっちゅうテレビでやっている。欧米発のはずのマンガがなぜ日本から輸出されるようになったのか。おそらくそれは手塚治虫に代表される日本のマンガ作家たちが欧米の方式を学びながらも独自の手法と世界を創造したからだと私は思う。

そのひとつは鳥獣戯画に由来する憑依と見立ての精神である。妖怪や異形の物が現われ、しかもそれらは人間と対等な人格を持つ。現実の世界の奥には必ず異世界が覗いており、そこは現実と往還できる空間でもある。しかも、「正義は必ず勝つ」というパターンが多い欧米型のストーリーではなく、多様な主人公の間でストーリーが自在に変化する。そこには人間とは違う姿を借りて現実の世界ではまだ起こっていない夢が想起することがある。また、人気を博している宮崎駿や新海誠のアニメ作品のように、少女が主人公になっていることが多いのも特徴のひとつかもしれない。ジェンダーバランスの歪んだ世界を突き破る未来を描いているからこそ、文化の垣根を越えて人々の心に静かに舞い降りる。アートとは抵抗である。まさに、現代日本作品はこの芸術の本質に触れている気がするのだ。

日本のマンガやアニメには過剰な暴力や行き過ぎた性描写が含まれているものもあり、世界に広がることに問題がないわけではない。しかし、和食とともに日本のマンガやアニメは、現代の私たちの意識に眠っている過去に由来するさまざまな世界観、人間観、自然観を未来へ向けて発するこのうえない手段であることは間違いない。今、続々と登場しているメタバースはその発展形でもある。それらを賢く世界に伝えることによって、行き詰まりつつある世界を変えられるかもしれない。第二のジャポニスムがもう目の前に来ているのではないだろうか。

森が作る情緒とアニミズムという救い

私が最初にアフリカでゴリラの調査を始めたころは、十分な地図もなく、GPS（全地球測位システム）のような計測器もまだ開発されていなかった。だから、ゴリラを追って森を彷徨うと、いっしょに歩いてくれる現地の狩猟採集民の勘と経験を頼りに帰路を見つけるしかなかった。

彼らは決してまっすぐ歩かない。けもの道を伝って歩きやすい道を選び、山を越え、谷を越え、意外に早く知っている場所に帰り着く。まるで魔法のようだ。後年、GPSを持って歩くようになり、まっすぐ歩けば近いのにと思ったりしたこともあったが、どっこい彼らのように回り道したほうが早く着くことがわかった。まっすぐ歩くと、棘のある藪に行く手を阻まれたり、湿地に足を取られたりして結局時間がかかる。つまり歩く時間はその物理的距離に比例するのではなく、その世界と自分との関係性や自分の関心によって変わるのだ。

それはゴリラといっしょに森を歩くときも感じる。ゴリラたちは何気なく歩いているようだが、歩きやすい道やおいしい食物が見つかりやすい場所をよく知っている。私がひとりで歩いていると何も見つからないのに、ゴリラといっしょにいるとおいしそうなフルーツが面白いように見つかる。川を渡るのも浅瀬をちゃんと知っているし、ゾウの出てきそうな場所は避ける。ゴリラは常に森の変化をモニターし、行動を変えているのだ。

狩猟採集民の人たちが森を歩くときも、五感をフル稼働して森と対話をしている。フンと耳をかすめる音を聞きつけるとただちにその後を追って、地面に空いた穴を見つけ、たちまちハリナシバチの巣を掘り出して蜜を頬張る。樹上に巣を見つければ、もうゴリラなんぞそっちのけで木に登り、煙でいぶして蜂蜜を取り出す。かすかな匂いや気配を探り当てて、木の根の脇に空いた穴に棒を差し込んでオニネズミを追い出す。ヤママユ（カイコの野生種）の集合巣を見つければ、中に入っている色彩豊かなイモムシを取り出しておいしそうに食べる。歩くたびにキイチゴやブドウなどの実を摘んで口に入れるし、薬草になる葉を摘み取る。ふと足を止めたかと思えば、親指ほどの太さのつるを引っ張り、これで椅子を作るんだといって採集する。彼らにとって森は日常生活を潤してくれる材料がいっぱい詰まった宝庫なのだ。

でも、いつも望むものが手に入るとは限らない。あるとき、森の入り口でヘビに出会った。黒いコブラである。すると、今日は善くないことが起こるといって、枝を組んで小さな社(やしろ)をこしらえ、何か呪文のようなものを唱えた。どうしたんだと聞くと、森の精霊に無事をお願いしたのだという。何か悪い徴候を感じ取ると、こういった儀式をするらしい。その日は案の定、ゾウに出くわして一目散に逃げる羽目になったが、けがをせずにすんだ。

彼らはこういった森の雰囲気を何かを手がかりにして感知する。それは小さいころから年配者に連れられて森を歩き、森と対話する術(すべ)を心得ているからだ。その感覚はなかなか機械に置き換えることができない。センサーなどの機械はある動きや変化を探知することはできるが、それによって即座に全体像を知覚することは不可能だからである。

私たち人間は言葉を手にして以来、さまざまな現象を原因と結果によってつなぎ、因果関係を持った物語として理解しようとしてきた。そして、それを突き詰めていけば、あらゆる現象を予測でき、期待と結果が一致する世界が開けると思い込んできた。しかし、それは大きな間違いである。実験を行なうような単純なシステムでは現象を再現したり予測したりすることは可能かもしれないが、私たちが直面する現実の世界は多様な現象が絡み合っている。それらを要素に分けて分析しても、現実の結果にはならない。たとえば、毒を持つヘビがどういう習性を持つかを徹底的に調べたとしても、なぜある日のある時間にその毒ヘビがある人を咬んだのか、その理由を正確に知ることはできないからだ。

そこには、その毒ヘビがたまたまそこにいることになった理由、ある人がそこを通りかかった理由や、ヘビと人との出会いの状況などが複雑に絡み合っている。だから、毒ヘビに咬まれないようにするには、その毒ヘビの習性やいそうな場所を知って、注意を怠らないようにしなければならない。さらに、そのヘビに出会ったとき、いつもとは違うという感覚を身につけていれば、次なる災禍を未然に防ぐことができるのである。その災いが何であるかはわからない。しかし、それを感じられて身構えるようになることが自分を守る結果につながる。

熱帯雨林とは、そのような徴候を感じ取り、何が起こるかを前もって予測しながら行動する世界だと私は思う。多くの生き物は緑の襞(ひだ)に隠れていて目に見えない。ヒョウが木の陰に潜んでいるかもしれないし、岩陰でバッファロウが水浴びをしているかもしれない。

何が飛び出してくるかわからないから、何かが起こったときにとっさに適切な行動を取らなければ、大けがをするかいのちを失う。だが最適な行動をとる必要はない。大間違いをしなければいいのだ。その準備をあらかじめ身体の動きとして備えておき、瞬時の判断と予測の下に発動させれば悲劇にはいたらない。

森はサバンナとは違う。見通しのよい草原では、狩りをする肉食獣もその犠牲となる草食獣も互いの存在を認知している。草食獣は、肉食獣がお腹を空かせていなければ襲ってこないことを知っているし、十分距離をとっていれば逃げおおせる能力が自分にあることも自覚している。風に乗ってやって来る匂いで肉食獣の動きを察知することもできる。これに対して、森の中では互いに姿は見えないし、風は舞っているので匂いの方向を感知するのが難しい。思いがけない出会いがここかしこにある。だから、その偶然の出会いに的確な対処の仕方が求められるのである。

人類は700万年前にチンパンジーとの共通祖先から分かれ、徐々に熱帯雨林を出てサバンナで暮らし始めた。その後、ユーラシアや新大陸へ進出し、さまざまなタイプの森にも居を構えた。現在でも世界の三大熱帯雨林（アフリカ、アジア、中南米）の隅々にくまなく人々が住み着いている。森は人類の故郷であり、いまだに私たちの心身の感性につながる世界であり続けている。

とくに日本人は、森とつながりの深い暮らしや文化を育んできた。日本列島の中央にそびえる脊梁（せきりょう）山脈が常に緑の森林を支えてきたし、黒潮が洗う海岸線に照葉樹林が広がり、モンスーン気候と台風がもたらす豊富な雨が熱帯雨林と同じような多湿の環境を作ってきた。そこで日本人は熱帯雨林に住む民と似たような感性を発達させてきた。それは森を排除せず、畏敬の念を持って同化したいと思う心の動きである。

日本が誇る哲学者の西田幾多郎は、１９２７年に出した『働くものから見るものへ』の序文で、「幾千年来我等の祖先を孚（はら）み来った東洋文化の根柢には、形なきものの形を見、声なきものの声を聞くと云った様なものが潜んで居るのではなかろうか」と述べている。これはまさしく森の感性である。「本来は見えたり聞こえたりすることから隠れている根源的動性が、われわれの目や耳に一時的に捕まえられて可視化した姿」であり、「実在の根拠を動的なイメージからとらえ、そこにおいて形や色が、『形や声なきところから』湧きあがり、また同処へと去っていく遷移的な動中にあるものと見なす」ところに日本文化の特徴があると西田はいう。

西田哲学は大乗仏教や禅の影響を強く受け、「絶対矛盾的自己同一」など難解な表現が多いことで知られている。しかし、全体を部分に分けず、物事を客観的に観ずに、自己を含む関係性の流れとして世界を捉えることに注目すれば、アニミズムとも相性がいいと私は思う。森羅万象にカミが宿り、それらはすべてつながっていると見なすのがアニミズムである。そして、それは「形あるもの」つまり見えているものの背後に何かを感じ、対話によって融合を図り、自分との関係性の中で理解しようとする心の働きだからである。

しかし、西洋由来の近代哲学と自然科学は、このようなあいまいなものをできるだけ排除しようとしてきた。見えないものを可視化し、それを客観的に観て人間のコントロールが可能な状態に作り変えてきた。熱帯雨林は伐採されてアブラヤシのプランテーションやウシの牧草地に変わり、作物を荒らす虫や動物は害虫や害獣として排除されてきた。細菌類やウイルスは顕微鏡を用いて種類を確認し、抗生物質やワクチンを開発して根絶しようとしてきた。かくして、今や私たちの周りは目に見える無害なものによって取り囲まれている。しかし、そのことが自然のバランスを崩し、人間の感受性を変化させて数々のアレルギーや非感染性の疾患、新型コロナウイルスのようなパンデミックを引き起こす結果を招いている。

2001年に、私はアフリカでゴリラの調査をともにしている現地の人々を鹿児島県の屋久島へ連れて行ったことがある。世界自然遺産に登録されている双方の森で、エコツーリズムの推進について語り合おうという試みだった。地元の町会議員の方の提案でみんな裸足になり、樹齢1000年以上の杉が並び立つ太古の森をいっしょに歩いた。そのとき、アフリカの人々がこの森は自分たちが慣れ親しんできた森と同じだといったことが強く心に残っている。アフリカでしたように、私たちは屋久島の森の霊と対話したのだ。それは屋久島の人々にとっても自然なことだった。

数日後、彼らとのお別れ会を催していたとき、私たちの敬愛する詩人が亡くなった。山尾三省(さんせい)という、屋久島の森の中で畑を耕しながら数々の詩を残した賢者である。2021年はその20周忌に当たり、私は彼が亡くなる1年前に出した『アニミズムという希望』を改めて読み返してみた。琉球大学で5日間にわたって集中講義を行ない、自作の詩を交えてこの世界の実在を学生たちに語った記録である。驚いたことに、現代にぴったりの言葉が静かに並んでいた。

三省さんによれば、「カミの起源は、美しいもの、喜びを与えてくれるもの、安心を与えてくれるもの、慰めを与えてくれるもの、畏敬の念を起こさせるものである。そういうものは何でもカミであり、現代においてもそれはいささかも変わらない」。カミは隠れて見えないが、深く善い気持ちを与えてくれるものはすべてカミになる。人が木をじっと観れば、木が人を観る。あるチョウがある植物の葉だけを食べるように、生物と生物の間には神秘な親和力が働いているのだ。さらに「何かに感動する、何かに心を奪われていわゆる私という自我がなくなってしまうときに、本来の私が現われてくる」。それを見つけ出していくのが新しい時代のアニミズムだと三省さんはいうのである。

なるほど、私にとってゴリラはカミなのだと思う。ゴリラに憧れ、ゴリラと一体になりたいという気持ちを持ったとき、ゴリラの目に映る自分というものが見えてくる。同時に、ゴリラの気持ちで世界を眺めることができるようになる。そのとき、ゴリラが棲む熱帯雨林という世界の関係性が自分の中にも広がるような感じがして、そこが心地よい場所に思えてくる。

山尾三省（1938〜2001）は東京に生まれ育ったが、インド、ネパールの聖地巡礼を経て1977年から屋久島に移住し、自給自足的な暮らしから詩を作り続けた。

ゲーリー・スナイダー（1930〜）はサンフランシスコ生まれの詩人。若いころ、禅の研究で長く京都を中心にして日本に滞在し山尾三省にも出会い、交流した。

写真／高野建三
（協力・野草社）

アメリカにも三省さんと同じ考え方の下に、バイオリージョナリズム（生命地域主義）を実践する詩人ゲーリー・スナイダーのような人々がいる。自分が住む地域に愛着を感じ、そこの生き物たちすべてのつながりの中に自分を見ようとする思想である。地球を客観視して人間に都合のいいように作り変えるのではなく、地域のあるがままのリアリティを尊重し、その力を生かしていこうとする態度だ。その力を感知する能力こそ、この壊れかかった地球と人間社会を救うだろうと思う。

地球が水の惑星だと気づかない罪深さ

２０２２年は気象庁も戸惑う梅雨のうえ、気温40℃に達する異常に暑い日が続出した。飲み水が欠かせないし、思わず水を浴びて熱くなった体を冷やしたくなった。水は人間が生きるうえで不可欠な要素だとつくづく思った。

人類が属する霊長類はもともと熱帯雨林で生まれ、水が不足することはない高温・多湿の環境で進化した。しかし、多くは樹上性で地上に降りてくることは稀だったので、川や湖といった水そのものの世界とは無縁だった。今でも多くのサルは泳ぐのが苦手だし、とくにゴリラやチンパンジーなど人間に近い類人猿は全く泳げない。サルが泳ぐときは犬かきのように水をかくので、手足の長さが揃っているほうが泳ぎやすい。ボルネオ島に棲むテングザルはマングローブの湿地林を器用に泳ぐし、四本の足で地上を歩くことの多いヒヒやマカクも結構長い距離を泳ぐ。ニホンザルの子どもは慣れれば潜水することさえある。しかし、手が足より格段に長い類人猿は、水の中でバランスをとれないようだ。かつて、ナイジェリアの動物園でゴリラに泳ぎを教えたことがあったが、どうしても泳げるようにはならなかったそうだ。

私はアフリカで標高3000mの高地に棲むマウンテンゴリラから、600〜2500mに棲むヒガシローランドゴリラ、標高0〜900mの海岸線に棲むニシローランドゴリラまで調査した。マウンテンゴリラは水に触れたがらない。どんな小川でも倒木が橋になっているところを渡る。たまに水を飲むときは、おそるおそる水辺に座り、手で水をすくって飲む。ヒガシローランドゴリラの生息地には広大な湿地があるが、ゴリラは背丈ほどもあるカヤツリグサを押し倒して進むので、ひざぐらいしか水に浸からない。ニシローランドゴリラは水量が豊富な川が網の目のように走っているジャングルに棲んでいて、もっとも水に慣れている。洪水のとき、胸まで水に浸かって川を渡るゴリラや、気温の上がる昼下がりにシルバーバックと子どものオスが並んで小川に腰まで浸かっているのを見たことがある。しかし、海辺に棲むゴリラでも海の水に接触したことはない。海岸にゴリラの足跡を見つけても、それは必ず陸のほうへ行き先を変えていた。ゴリラにとって海は脅威であり、決して利用できる場所ではないのだ。

さて、人間は今や大洋を制して、おびただしい海の資源を使っている。川の流れは水田や畑作に欠かせないし、物や人の運搬にも重要な役割を担ってきた。2015年の国連サミットで採択されたSDGs（持続可能な開発目標）の17の目標のうち、6番目に「安全な水とトイレを世界中に」が掲げられている。水は人間に食料と運搬の手段をもたらすだけでなく、排泄物の処理にも欠かせない重要な存在なのだ。しかし、人間以外の霊長類はそれほど水に頼った暮らしをしていない。いったい、いつから人間はこんなにも水に大きく依存するようになったのだろうか。

じつは、人類の祖先は長い間、水を怖れていた。700万年前に直立二足歩行を始め、熱帯雨林から疎開林へ歩を進めたころは、湖の近くに住んでいたと考えられている。それから徐々に樹木のまばらな草原へと進出したが、そのころも飲むための水は欠かせなかったので、水場や川の近くに住んでいただろうと思う。しかし、魚や貝を利用した形跡はほとんどないし、大きな川を渡って生息域を広げた証拠はない。今でも、アフリカの人々の描いた絵を見ると、昔からライオンとワニと大蛇が人々の脅威だったことがわかる。川にはワニだけでなく、カバやバッファロウがいたり、ゾウが水浴びをしたりしていて、とても危険な場所だったのだ。おそらく初期の人類はワニやカバが使えないほど小さな支流で喉を潤し、サバンナで生きるブッシュマンのように野生のスイカや果物から水分を得ていたのだろう。

人類の祖先が草原へ進出してから最初の食物メニューの変化は、それまでの植物中心の食事に肉を取り入れたことだった。でも、狩猟を始めたわけではなく、肉食動物が残した獲物から石器で肉を切り取ったり、骨を割って骨髄を取り出したりしていた。180万年前にユーラシアに進出しても大きな川や海には近づかなかった。30万年前から3万年前までヨーロッパで栄えたネアンデルタール人は、石器や槍を用いる優秀なハンターで、多様な動物を捕えて食べていた。海辺を利用するようになったのは現代人ホモ・サピエンスで、やっと7万数千年前になってからのことである。南アフリカの海岸にあるブロンボス洞窟にその痕跡が残っており、海の貝を食べて貝殻を装飾品にしたり、オーカーで石片に模様を描いている。人間に特有なシンボルによる文化の兆しが海の利用とともに始まっているのだ。それは人類の進化の歴史では極めて新しい出来事である。

しかし、人類が水中で進化したという「アクア説」もある。これはイギリスの海洋生物学者アリスター・ハーディらが唱えた説で、人類の身体的特徴は水中の生活に適応したと見なしている。たとえば、人間の体毛は極めて薄く、密生した毛に覆われている他の霊長類と違う。哺乳類で毛を失ったのは、カバやイルカなど水中に適応した種が多い。しかも、人間の体表に見られる毛流は泳ぐときに水が流れる方向に沿っている。頭部だけに毛が残っているのは、水面に頭を出して直射日光から脳を守る必要が生じたからというわけだ。そもそも直立二足歩行という姿勢も水中でなら楽にできるので、水中で発達した可能性がある。また、涙を流したり、対面姿勢で交尾をしたり、処女膜があるのもクジラやアザラシなど海棲哺乳類の特徴である。

「アクア説」には多くのうなずける点があるが、化石からはそれを支持する証拠が挙がっていないし、反論もある。人類が体毛を失ったのは発汗作用の効果を高めて炎天下で身体を冷やす必要があったからで、長距離を歩くのに便利な直立二足歩行を助けるためだったと考えられる。頭部に毛が残ったのも、サバンナの直射日光と地面からの輻射熱を避けるのに立つ姿勢が有利だった中で、唯一頭部を守る必要が生じたからだろう。また、何より人間の身体は長時間海水に浸かっていると炎症を起こしてしまう。海棲哺乳類のように分厚い脂肪と皮膚で守られているわけではないのである。

このように、人類が水の世界に親しみ始めたのは極めて最近だと思われるが、いったん慣れると一気に利用範囲を広げた。ヨーロッパにはネアンデルタール人がいたためにホモ・サピエンスの進出は4万年前となったが、おそらく海岸線を伝って、4万5000年前にはヨーロッパより遠い東方の東南アジアやオーストラリアに到達している。船や航海術を持たなかった人類がどうやってオーストラリアへ渡ったか、いまだに不明な点が多いが、流木につかまり大津波や海流によって流れ着いた可能性もある。また、シベリアに到達したサピエンスは1万5000年前の氷河時代、ベーリング陸橋でつながっていたころに南北のアメリカ大陸へと進出した。これも、海沿いと内陸のルートがあり、海沿いのほうがさらに1万年近く早かったといわれている。ちなみに、アラスカから南米のチリの南端までわずか1000年ほどで到達している。シベリアの寒冷地に適応するまで数万年かけたサピエンスは、アラスカから南方の暖かい地域へは難なく進出できたのであろう。

しかし、海を越えた人類の進出は動物たちには大きな悲劇を招いた。アメリカ大陸には、マンモスや巨大なライオン、ウマ、ラクダ、体長6mのオオナマケモノなどの大型哺乳類がいたが、人類の進出後2000年以内に、北アメリカは大型哺乳類47属のうち34属、南アメリカは60属中50属が絶滅している。オーストラリアでも、人類が到着後5000年ほどで体重50kg以上ある動物24種のうち、23種が絶滅しているのだ。これらの動物たちはアフリカ大陸やユーラシア大陸のように長年人類と接して狩猟圧にさらされていなかったために、簡単に人類の餌食になってしまったのだ。

さらに、1万2000年前の農耕・牧畜の開始は陸地における水の循環を大きく変えることになった。畑や田に水を引き、船を通すために水路を作り、水の流れを変えて食料の生産と運搬に利用するようになった。やがて、食料の蓄積によって人口が膨れ上がり、大河のほとりに大都市が作られ、4つの巨大文明が栄えた。しかし、牧場の拡大や森林の過剰な伐採で保水力が失われ、土壌の浸食が激しくなって灌漑用水路に土砂が堆積し、乾燥による塩害も加わって農業が成り立たなくなった。これらがメソポタミアやインダスの文明崩壊の一因になったといわれている。

15世紀半ばから大航海時代が到来すると、ヨーロッパ諸国は競ってアジアや中南米に進出し、ジャガイモ、トウモロコシ、トマトなどの食物、タバコやカカオなどの嗜好品、綿花や絹、金や銀などの鉱物資源を追い求めた。大都市には大きな船が就航する港が作られ、18世紀に産業革命が起こると次々に工場が河岸や海岸に作られるようになった。石炭や石油による熱エネルギーを利用して生産効率を上げるため、大規模な排水処理が必要になったためである。

かくして、現代の大都市のほとんどは港湾都市として作られている。海岸は埋め立てられて工場地帯となり、人口が急速に膨れ上がってこの100年間で4倍になり、ついに80億に達した。今や世界の人口の55%が都市に住むようになっている。人間だけではない。家畜のウシは15億、ヤギ、ヒツジ、ブタはそれぞれ10億以上、ニワトリにいたっては500億羽もいるのだ。野生動物の数を見るとゾウは62万頭、ゴリラは20万頭、数が多いとい

長崎県松浦市の「土谷棚田」。森、川、里、海、大気という水の循環の中に人間の営みもあり、それを壊さないような暮らしも残る。写真／photoAC

われるペンギンだって3000万羽しかいない。もはや地球の哺乳類の9割以上を人間と家畜が占めていて、陸地の4割がそれらを食べさせるための畑と牧場になってしまっている。野生動物が暮らす森林は人工林も含めて3割しか残っていないのだ。

これは明らかに異常事態である。陸上生活者である人間は、大地に足を据え、自然の恵みを追い求めて移動生活をしてきた。気候の変化や自然の仕組みにしたがって臨機応変に生活を組み替えてきたのである。しかし、今や私たちは自然の恵みとは無関係に人工的な都市を作り、科学技術を駆使して食料を生産している。それは大規模に自然を収奪することになり、とくに最後の食料庫といわれる海の資源に、最近は各国が競って手を出し、漁業資源が急速に劣化しつつある。

その結果、大気と水の循環が異常をきたし始めている。都市に人口が集中し、廃棄される化学物質によって大気、土壌、河川、海が汚染され、石炭や石油などの化石エネルギーを主力とすることによって温室効果ガスによる気候変動が加速している。近年多発している地震、津波、火山噴火、森林火災などの自然災害はこうした気候変動の結果であり、気温上昇にともなって極地の氷が融け、氷河が消失し、海水温が上がることによって動植物の分布が変わり、生息域が破壊されて多くの生物が絶滅の危機にさらされている。気候変動によって旱魃や洪水が起こり、作物の不作や飢餓によって生存条件が脅かされ、難民となって移動を余儀なくされる人々も増えている。

これらの悲劇は、人間が地球を水の惑星だということに気づかなかったせいである。水は高地から低地へ流れて海に入り、また蒸発して大気となり雨となって大地を潤す。その循環こそが生命を育み、多様な生物のネットワークによる生態系を生み出してきた。その中に人間という生物も組み込まれていることを忘れてはならない。

広がり始めた流域の思想という希望

アフリカのガボン共和国の南西部にあるドサラ村でゴリラの調査を始めたとき、ジャングルを網の目のように走る川を伝ってゴリラの痕跡を探そうと思った。ゴリラは泳げないので、船に乗っていれば安全だ。ゴリラが群れで通れば、植生が大きく乱されるから発見しやすいだろう。川沿いにはゴリラの好きなフルーツが実る樹木が多いから、ゴリラが寝たベッドが木の上に見つかるだろうし、ひょっとしたら出会えるかもしれない。

ＷＷＦ（世界自然保護基金）のボートを借りて、幅50ｍぐらいの川に漕ぎ出したとき、漕ぎ手の村人が「川の神様にお願いをしたい」といい出した。古風なことだな、と思いながらも私たちは彼らといっしょに川にお酒を撒いて調査の安全を祈願した。水量も大したことはない、ゆったりとした流れの川だったのだが、私たちの予測が甘かったことをすぐに思い知らされることになった。

ちょうど雨季で雨がよく降った。川面から３ｍも上の岸に張ったテントがじわじわと水浸しになった。見ると水量が急速に増している。私たちはキャンプ地を移動しながら調査を続けたが、流速が増して手漕ぎではなかなか川を遡れなくなった。しかも、ゴリラたちは川岸に姿を現わすことはなく、痕跡もほとんど見当たらない。結局私たちは川から離れた場所にキャンプ地を移し、むしろ小高い丘に向かって森を歩き通すことを余儀なくされたのである。

増水した川は勢いを増し、ついに村と森をつなぐ大きな橋を流してしまった。５ｍも水面が上昇したことになる。ここの川は暴れ川だったのだ。村人が川の神様に祈った気持ちも理解できた。それから20年以上たってやっと２０２２年に橋が架けられた。当初の車でジャングルに乗り込んで、伐採会社が作った森林道路を使って調査をするという私たちの計画は大幅な変更を迫られた。村人が作った丸木舟で少しずつ物資を運び、歩きに歩いてジャングルを踏破する作戦に切り替えざるを得なくなったのだ。それは結果的に森をよく知ることにつながったのだが、成果が出るまでに長い時間がかかった。

ジャングルの川の恐ろしさもわかってきた。川は茶色に濁っていて底が見通せない。どんな魚がいるかもわからない。それは粘土質の細かい土の粒子が水を濁らせているせいでもあるし、大量の落ち葉に含まれるタンニンが溶け込んでいるためでもある。網をかけたり釣り糸を投げたりすれば、バカでかいナマズや、触れるとしびれるデンキナマズ、ひげのあるコイ科の大魚がかかる。ひと抱えもあるスッポンが捕れたこともある。怖いのはワニだ。村のヤギやイヌがよく川に引きずり込まれていなくなる。人間もワニに飲まれることがあると聞いた。ゾウもときどき水浴びにやって来るし、バッファロウも水に浸っていることがある。人が暮らすうえで川の水はかけがえのないものであるが、川は怖い場所なのだ。人類が川の資源を利用するようになったのは、進化史のうえでは最近であることが納得できる。

人類はやがて船を作るようになり、川は人間によってこのうえなく便利な運搬手段になった。船は人の手では運べないほど重い荷物を大量に積み込むことができるし、流れに任せれば人の力を加えることなく運んでくれる。私も数百mの幅がある川を丸木舟で行き来したことがある。川の真ん中は流れが速く危険だが、岸近くは緩やかで手漕ぎでも楽々遡上できる。人々は無数の支流をよく知っていて巧みに船の向きを変える。アフリカのコンゴ川や南米のアマゾン川のような大河は、森林に暮らす人々にとって今なお重要な交通手段になっているのだ。

かつて世界の四大文明（エジプト、メソポタミア、インダス、黄河）は大河の河口付近でおこった。川は上流の森林地帯から養分に富んだ土を運んでくる。洪水になれば氾濫地帯にその土壌が広がり、小麦、ヒエ、アワ、米などの穀物を栽培できる。やがて、水の管理をする治水や灌漑の技術が生まれ、農事暦を作るために気象学や天文学が発達して、河口付近には大都市が成立した。

しかし、やがて巨大文明は次々に崩壊する。その理由のひとつに、上流域における過剰な農耕や牧畜によって土地がやせ、森林が伐採されてエネルギー資源が枯渇したためという説がある。森林がなくなると土壌の保水力が落ちて乾燥し、土壌に含まれていた塩分が雨によって流出しにくくなる。また、過度な灌漑を続けると地中深くにあった塩分が水に溶けて、水分の蒸発にしたがって地表近くに吸い上げられる。さらに、海岸部では津波や強風によって海水に含まれていた塩分が穀物にかぶる。こういった塩害によって不作が続いた結果、食物の供給が難しくなったと考えられるのだ。

アフリカ北東部のナイル川や東南アジアのメコン川などの大河は複数の国を含んでいるから、その流域の管理は一国ではできない。上流域の樹木の伐採や農業用水路の建設、中流域のダムの建設、漁業権などが複雑にからんで国際問題に発展する。川は陸と海をつなぐ大きな流れであり、上流域の活動が下流域に影響するだけではない。山から流れ出た養分に育てられた植物プランクトンによって海産動物が増え、それを海鳥たちが食べて陸へ運ぶ。大風や台風に巻き込まれて海に溶け込んでいる栄養素が山や森に降り注ぐ。水や大気の循環、動物たちの移動によって陸と海の生態系はつながり、生命圏には多様な生命が活躍するようにできているのである。

このように、川の流域全体を、人間を含む多様な生物が織りなす生態系と見なし、それをひとつながりの世界として保全していこうという考えがバイオリージョナリズム（生命地域主義）だ。流域の思想である。この思想を持つ人々が集まって、地域の生態系に適応する地域社会を目指そうという運動となり、市町村といった行政上の区画ではなく、自然のつながりとまとまりを重視する。そこに古くから育った固有の文化を尊重し、自然生態系の機能の回復と維持を図る。地域の自然の特徴に合った産業や技術を開発し、廃棄物を出さないゼロエミッションの循環型システムを構築することを目指している。屋久島の賢人、山尾三省さんと縁深いゲーリー・スナイダーたちが中心になって1970年代のアメリカで始まり、近年世界各地でこの試みは急速な広がりを見せている。日本でも滋賀県の琵琶湖で実施されてきたし、宮城県気仙沼で牡蠣養殖業を営んできた畠山重篤さんの仲間たちが提唱した「森は海の恋人」という事業が全国的に普及し始めている。

2014年には、環境省が「つなげよう、支えよう森里川海」と題するプロジェクトを開始し、第5次環境基本計画では「地域循環共生圏」として自然と文化の循環とつながりを重視した政策を実施するようになった。しかし、それまでの道のりは長かった。とくに近年は土木立国として、自然の力を利用するより、それを技術で抑え込もうとしてきたからである。

日本列島には中央に南北に走る脊梁（せきりょう）山脈があり、そこから海岸部へ向かって無数の川が流れ落ちている。モンスーン気候の影響を受けて毎年台風が襲来し、熱帯顔負けの膨大な雨量を誇る日本では、昔から暴れ出す川を管理するための治山治水がどこでも重要課題であった。河川交通が物資を運ぶ主要手段だったために、都市は川沿いに作られた。今でも車や電車に乗って大都市に入るとき、必ずといっていいほど大きな川を渡る。そのため、橋や堤防を作るための木材が大量に必要となり、山々で樹木が伐採された。さらに江戸時代の前期は水田を大幅に広げ、その肥料となる草を育てるため山に植林しなかった。その結果、各地で山崩れや土石流が起こり、被害が続出した。川の管理はどこの藩でも重要かつ大量の資金を必要とする頭の痛い事業だったようである。

急峻な山が迫る地形の多い日本では、各地で鉄砲水や土砂崩れが発生する。令和に入ってからも熊本県球磨（くま）川の氾濫や静岡県熱海市伊豆山の土石流災害で多くの人が亡くなった。近年は気候変動でこれまでの予測を超える大雨が続くことがあるので、いっそうの注意が必要だ。ハザードマップをよく読み込んで、災害の際に逃げるルートと場所を頭に入れ、当座に必要な物資や食料を用意しておくことが肝要だ。登山やキャンプをする際も天候をよく確かめ、山や川の状態を常に見定める必要があるだろう。

かくいう私も、間一髪で土石流から免れたことがある。1990年代の中ごろの夏休みの時期だったと思う。まだ小学生だった息子と娘を連れて屋久島へヤクシマザルの調査に出かけた。天気がよかったので、集落近くの清流のほとりにテントを張り、私は妻と子どもたちを残してサルの調査へ出かけた。2、3日たったころ、調査から戻った私は近くの温泉に行こうと車で家族を連れて出発した。しかし、あいにくその温泉が閉まっていたので、少し遠くの温泉まで行ってひと風呂浴びて戻ってきた。あたりはすっかり暗くなっていて、テント場まで夜道を歩くことになった。

懐中電灯を照らして歩いていくと、ごうごうと大きな音が聞こえてきた。驚いてあたりを見回すと、道がところどころ浸水している。あわてて前方を見ると、テントは跡形もなく、濁流がテントのあったあたりを取り巻いている。これはいかんと駆け足で引き返し、その晩は知り合いの民宿に泊めてもらった。

翌朝、晴天となったので民宿の人といっしょにテントを見に行った。川は元の穏やかな流れの清流に戻っていたが、大きな岩が上流から運ばれてきていて、川岸は大きくえぐれ、ちぎれた樹木や草が打ち上げられている。テントも荷物も何もない。あきらめきれずに私たちは、川を下って何か引っかかっていないか調べてみた。テントは大きな岩の下にくしゃくしゃになって見つかった。しかし、テントに残していた服や料理用具、ラジカセなど何も出てこない。２㎞ほど先の海岸まで下ってみたが、そのとき不思議なことが起こった。息子、娘、妻の大切にしていた物がそれぞれひとつだけ出てきたのである。私は、書きかけのフィールドノートが海岸にバラバラになって散らばっていたのを見つけた。しかも、海岸付近の堤防の石組みをひとつひとつ覗いてみたら、前日ヤクシマザルが海岸の岩場で貝を剝がして食べている姿を撮った写真のフィルムが見つかった。ヤクシマザルの食性としては初めての発見で、ケースに入れていたため無事に現像することができた。

危ないところだった。もし、近場の温泉に行っていたら土石流に巻き込まれていただろうと思う。しかし、なぜ私たちの大切な物が出てきたのだろう。民宿の人は真顔で、「それは屋久島の神さんにからかわれたのさ」といった。そういえば、私はテントを張る前に神さんに祈ってお神酒(みき)を捧げることを忘れていた。その礼儀知らずを咎(とが)められたのかもしれない。アフリカでも日本でも川の神さんに祈る心は同じだなあと感じたものである。

　戦後、日本は徹底的な森林管理と河川工事を実施した。建築ラッシュで急速な木材の需要に合わせて山野の大規模伐採や大規模造林を実施した。「日本列島改造論」の下に各地でスーパー林道やトンネル工事が敢行され、河川には大型のダムや小規模な砂防ダムがいくつもでき、河岸はコンクリートで固められた。その結果、川はせき止められて土砂が溜まり、森林の栄養分が海に届かなくなり、魚も遡上できなくなった。これは、政府が川を単体として管理し、水を早く海に流してしまおうと考えたからである。しかし、これらの事業は森林の保水力を失わせ、かえって災害の規模を拡大している危惧がある。さらに最近は、シカが増えて地上植生を食い荒らし、土壌の流出に拍車がかかって土砂崩れが起こりやすくなっている。そのうえ、海の資源までもやせ細っているとすれば、日本の治山治水政策は間違った方向へ進んできたといわざるを得ない。

　日本はまだ国土の67％が森林という、先進国でも珍しく自然が残っている国である。これからは、自然の循環に畏敬の念を向け、その力を抑え込むことなく賢く利用しながら、自然と文化が共生していく道を模索するべきだろうと思う。

第4章

文化の変革しか文明転換の道はない

遊びを処方箋に生産性の罠から逃れる

「遊びをせんとや生まれけむ」という詞（ことば）がある。平安時代に今様（いまよう）と呼ばれる歌謡を集めて編まれた『梁塵秘抄（りょうじんひしょう）』という本に載っている。これは当時の遊女が好んで歌い、舞ったとされ、ふたつの意味がある。遊んでいる子どもの声を聞くと、つい体が動いてしまうほど、人は遊びをするように生まれてきたという意味。もうひとつは、こんな戯れをするために生まれてきたのかという遊女の嘆きである。どちらも人間性の深みをついていると私は思う。遊びは子どもの特権であり、おとなになっても広く遊ぶというのが他の動物と違う人間の特徴である。さらに、どの世界でも性的な遊びは欠かせず、そこに人間の社会の不思議な側面がある。

オランダの歴史学者ヨハン・ホイジンガは1938年に『ホモ・ルーデンス』を著わして、人間社会にとって遊びの重要性を説いた。遊びは経済的な利益を求めず、他に目的を定めない「自由な活動」である。遊びとは楽しさを追求し、それ自体が目的となる不思議な特徴を持っている。しかも、それは日常生活を離れた「虚構」であり、その中でだけ通じる独自のルールが作られる。そして、この遊びの特徴は人間のどの文化や文明にも認められ、まさに遊びこそが人間の社会を発達させてきた原動力であるというのだ。

遊びは人間以外の動物にも見られる。サルや類人猿も子どもはよく遊ぶ。取っ組み合いや追いかけっこが主だが、そこにはたしかに遊びに特有な特徴が見られる。まず、遊びは相手に強制できない。どんなに大きくて力の強いサルでも、子どものサルを力ずくで遊びに引き入れることはできない。子どもが拒否したら遊びは成立しない。この特徴は交尾に似ているかもしれない。いくらオスの力が強くても、メスが発情してその気にならなければ、交尾を強制することはできないからだ。サルにレイプはない。

だから、遊ぶためには身体が大きいサルが小さいサルに合わせる必要がある。身体を折って目線を下げ、動きを弱めて小さいサルに追いかけさせる。これをハンディキャッピングと呼ぶ。つまり、わざと自分にハンディキャップを負わせて相手と対等になるのだ。これができて初めて、役割の交代という遊びの2番目の特徴が立ち上がる。組み伏せたり組み伏せられたり、追いかけたり追いかけられたり、という繰り返しである。サルに比べてゴリラやチンパンジーなどの類人猿はハンディキャッピングがうまい。だから遊びが長く持続する。

遊びは身体の小さな個体がイニシアチブを握っている。子どもは自由に遊びを拒否できるが、子どもから遊びに誘われるとおとなはなかなか拒否できない。おとながハンディキャップを負って子どもと対等な立場に立ち続けないと、子どもはすぐ遊びを止めてしまう。これは人間の遊びでも同じだろう。だから、遊びを続けようとすれば、相手の能力や気持ちを絶えず推し量ることが不可欠になる。相手に合わせるだけでは遊びは楽しくならない。ときには相手を挑発し、能力以上の力を発揮させることで遊びはエスカレートし、互いに興奮して遊びに興じることができるのだ。遊びのルールは初めから決まっているのではない。相手や状況に応じてルールは変化していくことが原則なのである。

遊びは楽しいものだから、笑いがつきものである。サルにもプレイフェイスという笑い顔があり、口を開けて相手に組みついて甘嚙みをする。しかし、笑い声を発するのは類人猿と人間だけだ。私はゴリラの遊びをたくさん観察したし、実際にゴリラと遊んだこともあるが、彼らはじつに長く遊びを続ける。胸を交互に叩き、追いかけ合って、組みつくとあたりを転げ回り、疲れるとひと息つく。そして、またどちらかが胸を叩いて遊びに誘い、

ゴリラの子どもは乳離れを始めると母親から離れる。オスの子どもは積極的に組み合って遊ぶ。

遊びに熱が入って笑い声を立てる子どもゴリラ。思春期まではよく声を出して笑う。

追いかけっことレスリングが延々と続けられる。ときには小休止を挟んで1時間以上も繰り広げられることがあり、よく飽きないものだと見ていて感心させられた。

もうひとつ、ゴリラには人間に似た遊びがある。性的な遊びである。ゴリラのメスはおとなになると約1か月間の性周期を持ち、排卵日に当たる2日間ほど発情する。ニホンザルのように顔を赤くするような発情徴候も見られないので、オスにはいつ発情したか、わからない。メスがオスに近づいて誘うことによってオスが気づき、交尾が起こる。発情徴候があるかないかはサルや類人猿の種によって違うのだが、その有無にかかわらず人間以外の霊長類では、メスが発情しなければオスは交尾できない。また、2~5歳の子どもゴリラはまだ発情ホルモンが分泌しないので、発情は起こらない。ところが、ゴリラの子どもはまるで性的に発情したかのように興奮して、交尾の真似事をするのである。ゴリラには、発情したり交尾をしたりする際に出すラブコールがあるが、子どもたちもこれとそっくりな音声を発して性器を接触し合うのである。

野生のマウンテンゴリラを観察して、私が腰を抜かすほど驚いたのは、おとなのオスがオスを相手に発情して交尾と同じ行為をすることだった。人間以外の霊長類のオスはメスが発情しなければ交尾できないはず。ところが、私の観察した群れはオスばかりでできていて、メスが近くにはいないのに、オスたちが発情してラブコールを発し、腰を抱いて射精までしたのである。これはホモセクシュアルな性交渉に違いないと私は思った。でも、ホモセクシュアルな行為をいくら発達させても子孫を残すことにはつながらない。現代の進化論では、自分か自分に近縁な個体の遺伝子を子孫に伝える行為でなければ淘汰されてしまうと説く。どうして、ゴリラにはホモセクシュアルな行動が発達したのだろう。

そのヒントは遊びにあると私は考えた。ゴリラの子どもたちの性的な遊びは相手の性を問わない。オスとメスの間でも、オスとオスの間でも起こる。ただ、メスとメスの間にはめったに起こらない。これは、そもそも2頭が組み合うような遊びはオスに圧倒的に多いということを反映している。その組み合わせが年齢を重ねるごとに変わっていくのだ。小さいうちはオス役とメス役のどちらもこなす。しかし、10歳に達して青年オスになると、オス役を好んで自分より小さい相手と性的な遊びをするようになる。そして、面白いことに、若いオスと若いメスが遊んでいるときに、突然性的に興奮してラブコールが発せられ、交尾に移行することがあるのだ。しかも、それはメスが発情していないときに起こる。

つまり、ゴリラは小さいときから遊びの中で性的な交渉を模倣し、性的な興奮を共有する特徴を持っている。遊びの中では互いに対等な関係で、役割を交代できる。しかも、ゴリラは成長しても身体の大きさによって優劣を決めず、遊びを続ける特徴を持っている。とくにオスはよく遊ぶ。私は成熟した背中の白いシルバーバックのオスが若者のオスと遊んでいるのを見たことがあるが、シルバーバックも笑い声を立ててとても楽しそうにレスリングに興じていた。ゴリラのこのような特徴が、遊びの中でホモセクシュアルな交渉を温存させ、成熟してもオスどうしの間で性的興奮をともなうような行為に発達させたのではないだろうか。

人間はゴリラとさらに違い、女性が発情徴候を示さないし、さまざまな性行為が発情や排卵とは無関係に起こる。しかも、性交渉には遊びの要素がふんだんに取り入れられている。これは人間がゴリラの特徴を受け継ぎ、遊びを拡張する中で発情徴候を消し去り、性的な行為を融合させるようになったからではないだろうか。人間以外の動物は交尾をする時期がメスの発情と一致している。人間が過剰なほど日常生活に性を氾濫させるようになったのは、遊びを極端に拡大したからではないかと思うのである。

さて、人間の遊びについては、ホイジンガの後にフランスの社会学者ロジェ・カイヨワの優れた考察がある。1958年に出した『遊びと人間』の中でカイヨワは、文化が遊びを通じて作られることを述べている。遊びは競争（アゴン）、偶然（アレア）、模擬（ミミクリ）、眩暈（イリンクス）という4つのカテゴリーに分けることができ、いずれも時空間的な虚構の中で限定されたルールの下に行なわれる。そして遊びは常に予測できない要素を含んでいなければならない。競争的な遊びはスポーツであり、偶然的な遊びは賭け事、模擬的遊びは物真似、眩暈的遊びはバンジージャンプのように意識がでんぐり返るような冒険的行為だ。これらの多くは人間以外の動物にも見られるが、偶然的な遊びは人間にしか見られないという。動物は自分の意志以外の外力による偶然性に将来を託すといった野心はないのである。

ゴリラの遊びを見ると、アゴンはレスリングや追いかけっこだし、ミミクリは木の枝や苔の塊を赤ちゃんと見立てる遊びだし、イリンクスは木の枝にぶら下がってぐるぐる回る遊びになる。たしかにアレアは存在しない。アレアには未来を見通しつつ、それをあえて偶然性に賭けるような人間独特の認知と意識が必要なのだろう。人間には自分が不利なことでも、将来幸運が転がり込むかもしれないと思う心がある。ひょっとしたら宗教もアレアの成せる業なのかもしれない。誰もあの世は見えないし、あの世を経験して帰ってきた人はいないが、あの世で報われることに賭けてこの世の苦難をあえて引き受ける人が大勢いるからだ。

しかし、ホイジンガもカイヨワも見落としていることがある。それは、遊びは緊張状態では起きないということだ。初めてゴリラと会ったとき、ゴリラたちがひっそりと声も立てずに動くことに驚いた。ゴリラはひたすら食べて、日向ぼっこをして寝ているばかりで、互いにあまり関わらないのかと思っていた。ところが、私に馴れてくるとうるさいほどよく声を出すし、子どもたちはひっきりなしに遊びたがるようになった。私もよく遊びに誘われて困ったものだ。人間の社会でもそうだろう。戦争が起きたり、飢餓で苦しんだりしているときは子どもたちも遊ばない。遊びが起こるためには衣食住が満ち足りて、暮らしに余裕がなければならないのだ。

コロナ禍で巣ごもり生活を余儀なくされ、子どもたちも対面での接触を禁じられ、マスクをしてつき合わねばならなくなった。これは遊びという自由で創造的な社会交渉を失う結果となっていった。子どもばかりではない。もとはといえば遊びが生み出してきたスポーツや芸術活動が制限され、人々が参加しにくくなった。その制約が人々を息苦しくさせていった。それを払拭するためには、暮らしの中にもっと遊びを増やす必要があると思ったはずだ。

現代の科学技術は資本主義と手を組んで、経済優先の効率的で生産性の高い社会を目指してきた。しかし、それは人間の身体や心とミスマッチを起こし、地球環境をも大規模に破壊しつつある。経済が豊かになれば、人々の暮らしに余裕ができ、豊かな生活が実現すると思っていたのに、仕事に追いまくられて自分の時間がない毎日を送っている。何か間違っていると感じるのは私だけではないだろう。この悪循環から抜け出すためには、遊びの持つ力を発揮させるのが近道だと思う。経済的な目的を持たず、虚構の中で互いに同調できるルールを立ち上げていくのが遊びの強みだ。そこで消費される時間は生産的でも効率的でもない。コストとベネフィットのバランスで測る自分の時間ではなく、楽しさを他者と共有する時間である。新型コロナの教訓を踏まえ、遊びの時間を賢く取り入れて、暮らしをデザインし直す時代なのではないかと思う。

現代人にとって必要な学びとは何か

最近、小学生、中学生、高校生から「何をどうやって学んだらいいのか」という質問をよく受ける。世界の先行きが見えず、何が正しいのかよくわからなくなっている現代で、子どもたち、若者たちが迷っている気持ちはよくわかる。何しろおとなたちも自分を見失っているのだ。世間が何を自分に求めているのか、満足すべき生き方とは何なのか、よくわからないままに日々を過ごしている。大学も含めれば十数年を学びに費やしてきたのに、それが今の自分に生かされているのか判断できないままに、時間に追われて目先のことだけを見つめている。これでは子どもたちに訓を垂れることなどできそうもない。

そんな時代だからこそ、そもそもなぜ人間はこんなに長い時間をかけて学ばなければならなくなったのか、考えてみる必要があるのではないだろうか。学びは人間だけの特権ではない。どんな動物も生まれたときから生きるための知恵を学ぶ。以前は、人間以外の動物は環境の刺激に対して、本能による機械的な反応をして暮らしていると考えられていた。しかし、ネズミだって迷路の先に餌を置けば、ちゃんと学習して効率的な経路をたどることを覚える。昔からサーカスでは野生動物にさまざまな芸を仕込む。日本では猿回しが伝統芸として有名だ。動物たちは訓練すれば、野生で経験したことのない行動を学習するのである。

極めつきは、あの進化論を世に出したチャールズ・ダーウィンが生涯を懸けて挑んだミミズの知性である。ダーウィンは40年以上かけてミミズが土壌を形成する行動を観察し続けた。その成果は亡くなる1年前に「ミミズの作用による肥沃土の形成およびミミズの習性の観察」という論文として発表されている。驚くべき発見は、ミミズが置かれた環境に合わせて学習していることだ。ミミズは乾燥すると生きられないので、潜っている地面の外に開いた穴をさまざまな物でふさぐ。気温や湿度の条件や、使える物を替えるとミミズは常に適切なやり方で穴をふさいだのだ。脳という中枢神経系を持たないミミズでも、環境に合わせて生きることを学ぶのである。

動物にとって学ぶべき大切なことは、いかに安全に食物を摂取するかということであり、有性生殖をする動物にはいかに異性とうまく交尾をして子孫を残すかということが加わる。これは簡単なことではない。今、世界中で野生動物がいろんな被害にあい、動物園などに保護されている。事故や狩猟によって親を失い、保護された動物の子どもたちも多い。アフリカではチンパンジー、アジアではオランウータンの孤児院がたくさんある。孤児院ではしっかり生きる技術を身につけたら野生に戻すことを目標にしている。しかし、せっかく手厚く育てても、ほとんど野生に戻れない。それは、子どもの時期に母親に密着して野生の食物の探し方や食べ方を覚えないと、ある年齢を超えてからでは野生の環境に適応できなくなってしまうからである。日々変化する自然環境で食べるという行為を身につけるには臨界期があるのだ。

人間に近い霊長類でも、学ぶ時期に上限があるらしい。1950年代に屋久島でニホンザルを捕獲して愛知県の犬山市へ運び、野猿公苑を作ろうと計画したことがある。サルたちに群れを作らせようとして檻から放したら、ふたつの群れに分かれて山へ逃げ込んだ。ひとつの群れは餌場に戻ってきて、人が与えた餌を食べるようになったが、もうひとつの群れはしばらくたって次々に死体で見つかった。解剖してみると胃の中は空っぽだったという。屋久島と犬山では自然環境で得られる食物が違うので、サルたちは新しい食物を食べることができなかったのだ。猿回しのサルも子どものころから人間と寝食をともにして育てられると聞くが、やはり学習能力に臨界期があるためであろう。

また、動物園ではゴリラがなかなか繁殖しない。小さいころから単独で育てられたり、おとなたちの行為を見て育っていなかったりしたので、交尾も子育てもできないことが多いのだ。とくに、ひとりぼっちで育ったゴリラは深刻だ。他のゴリラと遊んだ経験がないので、繁殖能力がついて異性とお見合いをしても、相手とうまく関係を結べないのである。私もかつて財団法人日本モンキーセンターに勤務していたとき、なかなか子どもを作らないゴリラのペアに野生のゴリラの交尾をビデオで見せたりしたことがあった。しかし、メスが発情しても、オスは交尾姿勢をとることができなかった。

かつてルワンダ共和国の火山国立公園でマウンテンゴリラの調査をしたときのことだ。乳離れを始めたばかりの3〜4歳の子どもゴリラが、早くも交尾の真似事をしているのを見て思わず見入ってしまった。まだ発情ホルモンが分泌されていないのに、相手を後ろから抱いて腰を前後に震わせる。しかも、おとなのゴリラが交尾の際に出すラブコールの音声に似た、ピコピコピコという可愛らしい声を発したのである。それを見て、私は子どものころによくやった「お医者さんごっこ」を思い出した。まだ性に目覚めていないのに、なぜか生殖器に関心があったものだ。野生のゴリラが例外なくちゃんと交尾できるのは、小さいころに遊びの中で性のあり方や異性とつき合う術を学んでいるせいかもしれない。

さて、人類は長い進化の過程で、どうやって学ぶことを増やしてきたのだろう。第2章で少し触れたが、認知考古学者のスティーブン・マイズンは人類の祖先が、生態的知性、道具的知性、社会的知性という3つの異なる知性をモジュールとして発達させてきたと述べた。このうち、生態的知性はもっとも早くに拡大する必要に迫られたことだろう。人類の祖先は近縁の類人猿がいまだに棲み続けている熱帯雨林を出て、食物が分散していて肉食獣の危険の多い草原へと出て行ったからである。熱帯雨林とは違う食物に出会い、食べる工夫をして、外敵を素早く見つけて安全を図る対処を講じなければならなかった。その課題を解決するために発達したのは、おそらく好奇心と真似をする能力である。よく「猿真似」というが、仲間のやったことをそのまますぐにコピーすることはサルにはできないのである。「猿真似」を私たちは恥ずかしい行為として扱っているが、これは人間だけに備わった偉大な能力である。好奇心に駆られて新しい食物を試すとともに、その行為をすぐに真似て、とっさの事態に対処できるようになったことが、人類の祖先を危険の多い草原で生き残らせたのだろう。

次に拡大したのは道具的知性だろう。チンパンジーでも石や木の叩き台に硬いナッツを置いて、石で叩き割る技術を示す。しかし、石を割って石器を作ることはない。最初の石器が現われたのは今から260万年前で、割れた破片を使って肉食獣の残した獲物から肉を切り取り、硬い骨を割って骨髄を食べることに使われた。植物繊維を切って食べやすくするのにも用いたらしい。この単純なオルドワン石器でも、作ったり使ったりするのは結構難しい。チンパンジーの子どもはまだお乳を吸っているころから、お母さんが石を使ってナッツを割るのをそばでじっと見ている。しばしば真似をして自分で割ってみようとするが、なかなか上手に割れない。まともに割れるようになるのは何と7歳になってからだという。一見単純そうに見える作業でも、その工程を頭に描き、それをきちんと身体化する必要があるのだ。

最後に発展したのが社会的知性である。これはサルもゴリラもチンパンジーも、それぞれの種に特有な知性を発達させている。しかし、人類の場合は特別だ。家族と複数の家族を含む共同体が両立する重層構造の社会を作ったからだ。家族は見返りを求めずに奉仕し

左手に持った小枝を道具にして、木の中から大アリを捕えようとするチンパンジー。タンザニア連合共和国マハレ山塊国立公園にて。

ボノボは霊長類としては新しい1929年、チンパンジー属の新種とされた。チンパンジーに比べて体型はやや細く、暮らしぶりは平和的。

合う組織、共同体はルールに基づいて役割を分担し、その労に報いる組織だ。このふたつはときとして相反する。家族を大事にして共同体の義務を怠ったり、共同体に奉仕しすぎて家族をおろそかにしたりすることがよくある。それを両立させたのが人類の社会的知性なのである。

人類の脳が大きくなり始めたのは今から200万年前で、おそらく家族と共同体の重層構造の社会ができたころであろう。脳容量の増大は集団規模の拡大に対応するが、脳が大きくなれば脳を発達させるために成長期が長くなり、共同の子育てが必要になる。親だけでは育児ができず、複数の家族が寄り集まって育児に協力するようになった。すると、それまでの家族単位の集団とは違う社会関係が生じる。ある男は家族の中では父親だが、共同体の中では食料の収集、道具の製作、肉食獣に対する防御を請け負う。複数の社会的役割をこなす必要が出てくるのだ。それを状況によって見分けて行動しなければならない。さらに、複数の男女が入り乱れて暮らすようになると、乱交・乱婚に陥らないように性の掟を作る必要が生じる。食や性の欲求に対する抑制を設けなければ、社会を維持できなくなったのである。それを成長期に社会的知性として学ばなければならなくなったのではないだろうか。

私たちホモ・サピエンスがそれまでの人類と違うのは、言葉を発明して集団どうしをつなぎ、広域のネットワークを作り上げたことだ。集団内外で多様な知識や技術を共有できるようになり、新しい土地へ進出することが可能になった。それまでの人類がアフリカ大陸を出ても、ユーラシア大陸の温帯付近までしか足を延ばせなかったのに対し、サピエンスは瞬くうちにオーストラリア大陸に到達し、雪と氷に閉ざされたシベリアを経て南北のアメリカ大陸に生息域を広げた。それはいったいどんな知性の発達によるものだったのか。

マイズンはそれまで独立に発達してきた3つの知性のモジュールを言語がつなぎ、認知的流動性ができたことだという。自然環境を人間の社会のように、人間の社会を道具の機能のように言語で表現することによって、創造力が増したというわけである。

おそらくサピエンスが言語によって手にした新しい知性とは、「蓄積する知性」「応用する知性」だったと思われる。知識や技術をただ引き継ぐだけでなく、それらを組み合わせて新しいものを作り出せるようになったのである。その徴候はサピエンスがアフリカで誕生したころから芽生えているが、ユーラシアに進出するようになって爆発的に現われる。

どんどん新しい道具や装飾品、芸術が登場するのである。これをマイズンは「文化のビッグバン」と呼んだのである。

そして、現代までに私たちは世界を言葉によって切り取り、分類し、膨大な情報を生み出してきた。それを頭の中でシャッフルし、新しい組み合わせを思いついてイノベーションを起こしてきた。ジャンクな情報で今は役に立たなくても、ちょっとしたきっかけで新しいものが生まれる可能性がある。人間には日々いろいろなものに出会い、それを模写したり、背景を想像したりする能力がある。要は情報の波に洗われながら、重要なことに気づく感性とそれを応用する知性である。それらを育むのが現代に必要な学びではないかと思う。

食と性は愛を人間文化の基調にした

ずっと疑問に思っていたことがある。なぜ、人間は食を公開し、性を隠すのかということだ。動物は逆だ。食べるときは分散して、仲間と鉢合わせしないように、ときには食べている姿を見られないようにする。一方、交尾はみんなの見ている前で堂々と行なわれる。

弱いオスが意中のメスを誘い出して、強いオスから隠れて交尾をすることもあるが、誰にも見られたくないからではない。でも、人間はわざわざ食物を持ち寄って集まりいっしょに食べる。セックスは誰にも見られないように、少なくともカーテンや屏風(びょうぶ)で隠す。いったい、なぜこんな逆転現象が、いつ、どのような理由で起こったのだろう。

食の公開がなぜ起こったかはすでに述べたので、ここでは簡単におさらいするだけにしておこう。700万年前にチンパンジーとの共通祖先から分かれてから、最初に現われた人類らしい特徴は直立して二足で歩くことだった。自由になった手で食物を仲間のもとへ運び、みんなでいっしょに食べた。この食事、共食という行為が、人類が肉食獣の闊歩する危険な草原へと進出する際に強みとなった。身重の女性や子どもを安全な場所に隠し、屈強な者が遠くまで出かけて食物を運んでくるようになったのである。それは人類に新たな社会性をもたらした。「見えないものを欲望」し、仲間を信頼して食事をするという社会性である。このころ、人類にとって食は競合して互いに緊張を高める行為ではなく、互いに分け合い、譲り合って団らんする行為となった。食は人を離れさせるのではなく、人をつなぐ社会的な道具となったのだ。

しかし、性は食のように「分け合う」ことができない。しかも、相手も好みがあって、いくら力の強い者でも意のままに性交渉ができるわけではない。人間以外の霊長類の世界ではレイプはない。基本的にオスはメスが発情しなければ交尾はできないし、発情していてもメスが拒否すれば交尾はできないのだ。私はニホンザルの威風堂々たるオスが発情しているメスと交尾しようとして、何度も腰を押して乗りかかろうとするのに、メスが腰を上げなかったのを幾度となく目撃している。オスは仕方なく、ストーカーのようにメスの後をずっとつけ回したが、結局メスは他のオスと姿をくらましてしまった。

人類にもっとも近縁なチンパンジーやボノボは乱交をする。チンパンジーのメスは、だいたい1か月ぐらいの周期で排卵日前の10日間から2週間ぐらい、性皮と呼ばれる膣（ちつ）の周りの部分がピンク色に腫れる。よく目立つのでたくさんのオスがやって来て、代わる代わる交尾をする。交尾はだいたい10秒以内で、オスはすぐに射精し、メスは次々に違うオスと交尾をする。メスはそれぞれ一日に数十回、妊娠するまでに1000回近く交尾をするという報告もある。チンパンジーでは性を「分け合っている」といえるかもしれない。

ボノボはさらに旺盛な性を発揮する。チンパンジーより発情する期間が長く、排卵が抑制される授乳中も発情する。しかも、メスどうしも腫れた性皮をこすり合わせて性的に盛り上がる。さらに、ふたつの集団が出会った際、異なる集団のオスはメスをめぐって争うことなく、互いに相手の集団のメスと交尾をするといったことまで報告されているのだ。ボノボでは性が同性間の競合を高めるのではなく、宥和（ゆうわ）をもたらす手段となっているのである。

一方、ゴリラのメスにはチンパンジーやボノボのような性皮が顕著に腫れる発情期の変化はない。若いメスがわずかに腫らすことがあるが、毛に隠れてほとんど見えないし、成熟すると腫れなくなる。だから、ゴリラのオスにはメスの発情がわからず、メスがそっと近寄って自分の発情をオスに知らせて初めて交尾が成立する。交尾は1、2分ほど続き、オスとメスは1日に3、4回ほど交尾を繰り返す。発情は排卵日に当たる2日間ほどで、複数のメスがいてもめったに同時に発情することはない。ゴリラはまとまりのいい一夫多妻の集団で暮らしているが、オスは1頭でも複数のメスの発情に対処できるというわけだ。たとえ複数のオスがいても、交尾相手をなるべく重複しないように気を遣っているように見える。だから乱交にはならない。

さて、人類はチンパンジーやボノボのような乱交と、ゴリラのような一夫多妻と、どちらの社会性を引き継いだのか。系統的にはチンパンジーと近縁だから、過去には乱交の特徴を持っていたとする説がある。でも、人間の女性は発情徴候を示さない。これは、進化の過程で特定の男女が一夫一妻の家族を作るようになり、女性の発情徴候が消えたと考えられている。19世紀の文化人類学者はこの説をとり、1877年に『古代社会』を著わしたアメリカのルイス・モルガンは、原始乱婚から親子や兄弟姉妹の間にインセスト（近親相姦）を禁じる規範が発達して、現代の核家族に進化したとする考えを発表した。近年でも女性が発情を隠したのは、特定の男性を自分と子どもの保護者として引き留めるために、いつ妊娠が可能なのかをわからなくするためだとする説がある。

しかし、私はいったん発情徴候を顕著にする特徴を身につけた後にそれを失ったと見なすより、初めからなかったとするほうが理にかなっていると思う。じつは、人類は古い順にオランウータン、ゴリラ、チンパンジーとの共通祖先と分岐しているのだが、オランウータンのメスもゴリラのメスも発情徴候がよくわからないし、排卵日の前後2、3日しか発情しないのだ。人類の祖先はこれらの祖先と同じく発情徴候を示さないまま分岐し、チンパンジーとボノボにだけ発情徴候が顕著に現われるようになったのではないだろうか。

その後、人類の男性は競合意識を弱めて他の男性と協力して共存するようになり、複数の家族が集合して共同体を作るようになった。女性が発情を露わにするような特徴を持っていたら、そもそも家族的な集団を作れない。どうしても複数の男性が集まってきて代わる代わる性交渉を結ぶようになってしまう。チンパンジーやボノボのオスはカボチャのように大きい睾丸を持っている。たくさんの精子を生産して何度も交尾をするように進化しているのだ。これを精子競争と呼ぶ。オスたちが身体の力ではなく、精子で競争するように進化したというわけだ。ゴリラやオランウータンのオスの睾丸はピンポン玉ぐらいしかない。現代人の男性もこちらに近い特徴を持っている。射精にいたるまでの性交渉も長い。人類の祖先も乱交・乱婚ではなく、特定の男性と女性が持続的な関係を結んで性交渉をしたと考えられるのだ。

では、なぜゴリラのような一夫多妻で、互いに反発的な集団が複数集まって共存するような共同体を作ることができたのだろう。いくら女性の発情期間が短くても、公の場で性交渉を始めれば複数の男性の関心を引くだろうし、男性たちの競合を高めてしまう。発情がわからなければ、男性たちは常に性交渉が可能と見なして女性をめぐる競合を高める。

そのヒントはゴリラの暮らしにあった。ゴリラのオスは父と息子ならメスをめぐって強い敵対意識を発動させない。それは、父は娘と、母は息子と互いに性交渉を避けようとする傾向があるからだ。だから、父と息子は同じ集団にいても、どちらも性交渉を独占できる相手を得ることができる。もともと霊長類は血縁関係にある雌雄、母と息子、母を同じくする兄弟姉妹の間では生まれつき性交渉を避けようとする。また、幼年時代から親しい関係を持った雌雄の間でも、性交渉を避ける傾向がある。じつは、血縁関係がなくても、幼年期に特定のオスから親密な世話を受けたメスの子どもは、思春期になるとそのオスを避けるようになることがバーバリマカクなどのサルで知られている。

ゴリラのオスは熱心に子育てをする。母親は生後1年間赤ちゃんを手放さないが、子どもがお乳以外のものを口に含むようになると、子どもを父親のシルバーバックのもとへ連れていく。母親から預けられた子どもたちをシルバーバックは優しく見守り、外敵には体を張って立ち向かい、子どもたちのけんかを適切に仲裁する。子どもたちは思春期になるまでシルバーバックについて歩き、性に目覚めるころになると好む異性を求めて両親のもとを離れる。この幼年期の親密な関係もシルバーバックと思春期に達した娘たちとの交尾を阻害していると考えられるのだ。近親間の性交渉は人類が登場する前から避けられていたのである。人類はこれを制度化して強化し、罰則を設けてタブーとしたのである。

ただ、複数の家族が集まると、近親以外の異性との交流が増える。インセストタブー以外の制度を設けなければトラブルが起こる。そこで利用されたのが食事である。食物を分配し、みんなが集まって共食をすることで、互いに争わない平和な関係を確認し合ったのだ。現在でも、狩猟採集民の男性は毎晩集まって共食するのが習わしである。食後に分かれてそれぞれの寝所に散っていくし、焚き火のそばで眠る者もいる。性交渉は闇にさえぎられて見えない。昼間に性交渉を行なう場合も、わざわざ他人から見えない場所を選ぶ。ここに食と性の公開性を逆転させた意義が潜んでいる。けんかの生じやすい食を公開して平和な関係を強調し、根深い諍(いさか)いが起こる性を隠匿したのだ。

狩猟採集民社会は一夫一妻が原則で、一生の間にパートナーを替えることはしょっちゅう起こる。でも、誰もが男女のパートナーシップを尊重しており、それを破ると社会的に不安定になることを知っていて怖れる。このように社会的な理由のみが働いている規範を

「ゼロタイプの制度」という。たとえば、人間は全裸でいても生物学的に全く問題がないが、性器を露出したら社会的な混乱が起こる。インセストタブーや猥褻を禁じる規範もそのひとつで、性に関する行動規範はゼロタイプの制度と考えられる。

また、食事は家族単位で行なわれることも多い。料理は親や子ども、パートナーといった親しい者に対して作るのが常識である。つまり、料理は愛の表現であり、それを食べることは愛を受け入れて一体化することにつながるのだ。親や子どもとはインセストが禁止されているから、食事をともにすることで愛を受け入れて一体化する。パートナーとだけの愛の受け入れは性交渉になる。ここから、食と性の融合が始まったと私は見ている。

よく「食べちゃいたいほど可愛い」というが、それは子どもに対しても異性に対しても使われる。また、「食べる」「食べられる」という表現が性交渉に使われることもある。『性食考』を著わした民俗学者の赤坂憲雄は、民話や寓話（ぐうわ）、そして童話に食と性が融合する例がよく現われると指摘している。フランスの児童文学作家トミー・ウンゲラーの『ゼラルダと人喰い鬼』は子どもを食べる鬼に娘が料理を作って食べさせ、ついには結婚して子どもをもうけて幸せに暮らす物語である。「食べる」「食べられる」関係は、愛を仲立ちにして相手と一体化する性交渉に発展し、家族に生まれ変わるのである。仲よく食事をしているカップルを見ると、性的な関係にあるとつい疑ってしまうのは食と性が互いに比喩の成立する関係にあるからなのだ。

このように、人間の社会はいつのころからか食と性を融合させるようになった。そこには複数の家族を含む共同体の成立が大きく影を落としている。そして、自然の食材を調理して信頼できる仲間たちの関係、とりわけ異性のパートナーとの持続的で親密な関係を作ることがその契機になったと思われる。料理が食文化の始まりだったように、性の隠匿は数々の規範を孕んで人間社会の文化の基調となったのである。

文化の変革は道具の進化から始まった

心と同じく、社会も目に見えないものである。心が個人に属するのに対し、社会は集団に属するという違いがあるが、心と社会は切っても切れないつながりがある。心は社会によって作られるし、社会は心を映し出す鏡だからである。心と社会をつなぐのは行為であり、その行為が集団の共有する価値観になったものが文化である。しかし、行為は一過性のものだから当事者やその場に参加している者が体験するか目撃するしかない。今でこそ、それを言葉や写真や映像で語り継ぐことができるが、言葉のない時代はどうやって他者の心や意図や計画性を、参加者以外に伝えたのか。それが道具であり、道具が文化発祥の原点といわれるゆえんである。

長い間、文化や社会は言葉を持つ人間だけの所産と考えられてきた。それに対して京都大学の今西錦司は1941年に出版の『生物の世界』で、すべての生物は社会を持つことを構想した。第二次世界大戦後それを証明するために動物社会学を創始し、1951年には人間に系統的に近いサルや類人猿の研究をする霊長類研究グループを結成した。その試みは実を結び、弟子の伊谷（いたに）純一郎が大分県の高崎山のサルを餌づけしてサルに名前をつけ、サルたちの社会交渉を調べた結果、ニホンザルが見事な社会構造を持つことを証明した。サルたちは互いの優劣関係と血縁関係を認知し、それらの関係を基にした秩序を構築していたからである。

さらに、宮崎県の幸島では、1頭のメスの子ザルが砂浜に撒かれたサツマイモを海水で洗って砂を落とし、塩味をつけて食べることを始めた。この新しい行為がしだいに群れの仲間に伝わっていったことを見て、今西や弟子の河合雅雄は前文化的な行動と見なした。そして、文化とは「遺伝によらずに伝承される社会に影響を与える行動様式」と定義した。しかし、その後この現象が観察学習と見なせるかどうか議論が起こった。イモ洗い行動が群れ全体に普及するまで4年近い長い期間がかかったことが問題視されたのである。イタリアの霊長類学者エリザベック・ビサルベルギは、ローマ動物園に幸島と同じような砂浜を作り、日本から輸入したニホンザルを放してイモを与えると、やがてイモを海水で洗って食べるようになった。サルたちはこの行為を観察して模倣したのではなく、目的だけを理解して自分で試行錯誤したのではないかというのである。このように、行為だけではその意図や計画性がどのようにして仲間に伝わったかがわかりにくい。

しかし、1960年代になってアフリカのタンザニア連合共和国でイギリス人のジェーン・グドールは、野生チンパンジーがつる性の道具を使ってシロアリ塚の中に潜むシロアリを釣り上げて食べることを発見した。これによって人間以外の動物が文化を持つことを疑う理由がなくなった。木製のつるは本来備わった属性以外の機能を付与され、新たな目的で使用されたのだ。そこに意図や計画性が反映されており、群れの仲間が同じように道

今西錦司（左端）はニホンザルより大型の類人猿を調査すべくアフリカへ向かった。写真は1958年の最初のアフリカ調査。当初はゴリラを対象にしようとして、この調査の後に河合雅雄（1924〜2021）を向かわせたが接近できず、チンパンジーに切り替え伊谷純一郎（1926〜2001／写真右端）が継続調査に成功。著者・山極は京都大学大学院で伊谷を指導教員に研究の道へ進んだ。後には河合の指導も受けた。写真／京都大学伊谷純一郎アーカイヴス

今西らがサルにも文化があるとする説のきっかけとなったイモ洗い行動。宮崎県の幸島では現在も京大が調査を続けている。写真／山口直嗣

具を使うことによってそれが共有されたからである。グドールの指導者だった先史人類学者のルイス・リーキーはその報告を聞いて、「もはや道具か人間の定義を変えねばならない」といったそうである。

その後、チンパンジーがアフリカの地域によって、葉っぱを重ねて座布団にしたり、しがんだ葉を木の穴に入れて溜まった水を吸い出したり、掘り棒によってシロアリを採集したり、石や木で硬いナッツを割るなど、異なる道具を使うことが知られ始めた。チンパンジーが「地域文化圏」を持っていると見なされるようになったのである。オランウータンもチンパンジーに負けず劣らず道具を使う。オランウータンは樹上性なので片手で枝にぶら下がりながら、もう一方の手と口で小枝を器用に操って硬い殻から果肉を取り出す。ゴリラは野生ではほとんど道具を使わない。しかし、動物園では器用に道具を使うし、自分でできないことは仲間や人にやらせようとすることが知られている。ゴリラは道具的知恵ではなく、他者を使う社会的な知恵を発達させているのかもしれない。

このように、類人猿はすでに道具を通じて文化的な能力を発揮している。ならば、700万年前に類人猿との共通祖先から分かれた人類の祖先も、何らかの道具を用いて暮らしていたに違いない。しかし、木製の道具は化石となって残らない。化石として最初に現われたのは260万年前のタンザニア連合共和国のオルドバイ渓谷の地層だ。ここはサバンナの真ん中で、見つかったのは大きな石を割ってできた破片である。これの鋭利な部分を使って肉食獣が残した獲物から肉を切り取り、骨を割って骨髄を取り出して食べたらしい。これをオルドワン石器と呼ぶが、石を割って作るのは意外に難しい。石をしっかり握って正確にぶつけなければ使える破片は取れないので、親指が大きく、他の指としっかり対向している必要がある。類人猿の短い親指ではこのような握りは不可能だ。そのため、この石器を作ったと思われる200万年前の人類の化石が見つかったとき、その脳容量が600ccほどでゴリラの500ccよりわずかに大きかっただけに過ぎないにもかかわらず、親指の大きさと対向性からリーキーはホモ・ハビリス（器用な人）と名づけ、初めてホモ属の仲間入りをさせた。

しかし、このオルドワン石器は長い間形が変わらなかった。類人猿も常に同じような方法で道具を作り、同じように使い続けている。美的感覚があるとは思えず、美しい道具を作って仲間に見せびらかすといった態度も感じられない。それが次に登場するホモ・エレクトスになるとだんだん形が洗練され、手で握って作業するのに効果的なアシュール石器に変わる。代表的なのがハンドアックス（握斧(あくふ)）と呼ばれる左右対称形の石器で、時代を経るごとに涙状の形をした美的センスの感じられるものになっていく。中には使用痕の残っていない石器もあり、象徴物として扱われたのではないかとも思える。

面白いことに、石器が美しくなっていくとともに、集団の規模が拡大し、それに応じて脳容量も増加しているのだ。仲間の数が増えて、その仲間どうしの社会関係を記憶するために社会脳として発達したという仮説だが、そこに道具の発達が同期していたかもしれない。ホモ・エレクトスは初めてアフリカ大陸を出てユーラシア大陸に分布を広げた人類で、多様な環境へと進出した。その過程で新しい環境に道具を使って適応し、仲間との間で道具を使い回し、それを美的に作り変えたとすれば、さまざまな社会的知性が関与していたはずだ。道具をその本来の機能だけでなく、自分の技量や品格を示したり、相手の関心を引いたり、他の道具や食物との交換に使ったりした可能性があるからである。ホモ・エレクトスはすでに家族と複数の家族を含む共同体という重層構造の社会を作っていたと思われるので、複数のパーソナリティを演じる必要があった。道具はそれを示す役割をしたの

オルドワン石器。現在わかっているもっとも初期の人類、ホモ・ハビリスが制作した石器。スペイン国立考古学博物館蔵。

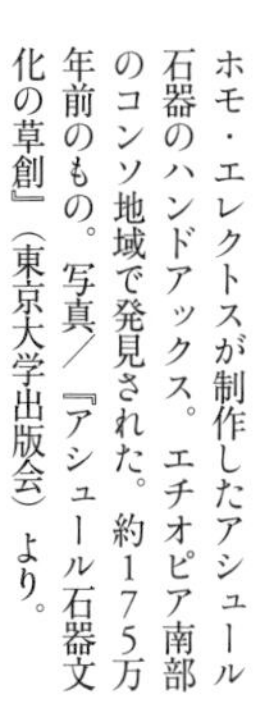

ホモ・エレクトスが制作したアシュール石器のハンドアックス。エチオピア南部のコンソ地域で発見された。約175万年前のもの。写真／『アシュール石器文化の草創』（東京大学出版会）より。

ではないだろうか。

人類の認知能力とコミュニケーションは、インデックス（指標）からアイコン（類像）へ、さらにシンボル（象徴）へと進化したと考えられている。インデックスは私がゴリラを追っていく際に用いる足跡とか、食べ跡とか、糞とか、直接その対象と結びつくサインである。これは類人猿も使っていると思われる。アイコンは直接結びつかなくても、その対象を示す記号となるサインで抽象度が上がっている。類人猿の道具がアイコンになるかどうかは微妙なところで、道具としての機能だけではアイコンとしては不十分である。ホモ・エレクトスはハンドアックスをアイコンとして用いていた可能性が高い。

アイコンは少なくとも集団の構成員が記号の意味を共有している必要があるが、シンボルは集団を超えて共有されなければならない。たとえば、かつてタカラガイが通貨として使われたことがあるが、集団間で同じ価値が合意されていなければ通用しない。ライオンやホラアナグマといったトーテムが集団のシンボルとして使われたように、集団の違いを意味することもある。南アフリカのブロンボス洞窟で、オーカーに刻まれた7万数千年前の抽象的な模様が見つかった。さらに、顔がライオンで身体は人間という「ライオンマン」

と呼ばれる3万2000年前の彫刻がドイツで見つかっている。7万～10万年前に人類は現代人のような言葉をしゃべり始めたといわれているので、シンボルは言葉の出現と同期していると思われる。言葉が違うものを同じようなものとして分類する比喩の能力と、現象を抽象化して伝える能力を持つからである。

言葉もシンボルのひとつである。しかし、言葉は突然現われたわけではない。シンボルは社会と文化の段階的な進化によって多様になったと考えられるからである。まず道具が精巧になり、本来の用途を超えて美的な象徴物としての機能を持つようになった。社会は規模を拡大するとともに多層構造を持つようになり、それぞれのグループや役割を認識する社会的知能が発達した。現代人は類人猿より2段階上の認知能力を持っているが、これはドラマを観て解釈する能力につながる。つまり、他者どうしの社会交渉を見て、それぞれの考えを見抜く能力である。抽象化の度合いを上げて何らかのシンボルによって表現されればわかりやすくなるのだ。シンボルは言葉である必要はなく、言葉以前はジェスチャー、絵、彫刻、図形、音楽であったかもしれない。

人類は社会を複雑化するとともに、さまざまなシンボルで周囲を飾り、多様な意味を与え始めた。それは、物語の始まりである。道具はすでに環境との接点を変え、道具の機能とともに計画性を未来に伝える。音楽や工作物も環境と人の関係、人どうしの関係を表現し、物語る性質を持っている。シンボルは人類に自然ではなく、物語る環境を与えたのだ。それは人類が共感力を発達させ、他の人や動物や物に憑依できる能力を高めた結果でもあった。

言語はそういった能力の上に登場した。シンボルの中でもっとも抽象化の進んだものであり、重さがなく、どこにでも持ち運びができる。時空を超えて体験を再現し、伝承できる能力を持っている。だから、言語の登場によって芸術的な作品が急増したこともうなずける話かもしれない。芸術が増えるためには、(1) 自己主張する能力とそれを受け入れる大きな集団社会、(2) 高い共感力に基づいた何かに同化したい、同調したいという願望、(3) 人や物に憑依する能力、(4) 世界を解釈したり、ないものを創造したりする能力が必要だ。それにはやはり、顔見知りの仲間との間で持続的なコミュニケーションをとれる定住生活が大きな推進力になる。シンボルと芸術はシナジー効果を持ち、自然の特性とも相まって地域に根差した文化を形作ってきたのだろうと思う。

道具から芸術、文化への発展は個人の志向性を集団の共有する価値観や使命感へと変換し、それぞれが直面する状況でいちいち考えなくてもいい慣習を生み出した。それが行動を組織化し、社会的役割を構造化してきたに違いない。言語はその構造や組織を規定し、共有する機能を果たした。小規模な社会とその文化をつないで社会の規模を拡大し、複雑化することに貢献したのだ。今、私たちはその恩恵に与って巨大な都市社会に暮らしている。しかし、その起源が言語以前の時代に作られたことを忘れてはいけない。

終章　人類の本質と文明の行方

21世紀に入って私たちが直面している課題は、生物学的存在である人間と科学技術によって飛躍的に進展しつつある人工的環境、そして限界値を超えつつある地球という惑星のバランスをどうとっていくかということである。

1941年、今西錦司が『生物の世界』の冒頭で、「この世界の構造も機能も要するにもとは一つのものから分化し、生成したもの」と述べていることが強く脳裏に残っている。この世界は多様なものからできているが、そこには相互に認識し合い、共存する道が拓かれている。「競争」「適応」「淘汰」といったダーウィンの進化論とは対照的に、今西が「認め合い」「棲み分け」「共存」といった考えで生物の歴史を構想したゆえんである。

生物の個体数はロジスティック曲線にしたがって推移する。ある種の個体数が指数関数的に増加しても、その種が摂取する食物資源には限りがあるので、やがて増加は頭打ちになり、ちょうどSの字を描くように推移する。これは資源が有限であるために起こるのだが、そこにダーウィンは競争と淘汰を、今西は棲み分けと共存を当てはめたのである。私はそこに「多様性」を当てはめたいと思う。生物が多様な種に分かれていくのは、環境との関係を少しずつ変えて、異なる特徴を持つ種を作り出していくからである。

かつては人間もこの法則にしたがっていた。７００万年の間に20種をはるかに超える人類が登場し、複数種の人類が共存した時代もあったのに、今は私たち現代人（ホモ・サピエンス）1種しかいない。1万２０００年前に農耕・牧畜を開始したころは５００万人ほどだった人口は２０２２年に80億を超えた。とくに１９５０年代以降の人口増加が著しい。それは科学技術の力によって新たなエネルギーを獲得し、食料の生産力を拡大したからに他ならない。一方で、自然資源を回復できないほどに破壊し、これまで地球に存在しなかった化学物質、放射性物質、プラスチックなどを生み出して環境汚染を加速させた。

いったい人間とは何者なのか？　いつから地球を破壊してしまうほどの大きな力を持つにいたったのか？　その力を抑え、地球を健全な状態に戻すことは可能なのか？

ゴリラの目になって地球を見つめ、人間とその社会を外から観察してみると、人間の本質がおぼろげながら浮かび上がってきた。

まず、生物はすべて利他的存在であることを忘れてはいけない。単細胞生物から多細胞生物まで、どんな生物でも他の多様な生物と共存してきたし、自分以外の生物を生み出してきた。それは生物が地球という環境に適応しようとすればするほど、他の生物に適した環境を作ることになるからである。ゴリラが果実を食べれば、植物は果実の中に種子を仕込んでゴリラに飲み込んでもらい、種子を発芽条件のいい場所で糞といっしょに撒いてもらうように進化する。ゴリラの糞を餌にするフンコロガシという甲虫が、糞を分解して地中に引き込む。いっしょに引き込まれた種子が芽吹いて生長するし、分解された糞は土になって他の植物の栄養源になる。植物は光合成によって二酸化炭素を吸収し、酸素を出して動物たちの生存を助ける。動物や植物は細菌類やウイルスの住処を提供し、多様化することによって爆発的な感染を抑え、生態系の安定を維持している。人間のやってきたことは、畑や牧草地を拡大して生物多様性を減じ、地球の生物圏を均一化してその力を奪う結果になったということができる。つまり、自然界で他の多くの種と共存しながらひっそりと暮らしていたある種を抜き出して、その種だけが繁栄するように特別な配慮をしてきたのである。栽培植物も家畜もこうして生まれた。そして、人間自身もこの地球で特別な権利を与えられていると見なし、環境を勝手に作り変えてきた。その象徴ともいえる都市に、もはや他の生物は数えるほどしか共存していない。「どの生物も他の多くの生物に生かされている」という地球の常識を無視してきたのである。

無性生殖から有性生殖が生まれたとき、個体は死を通して次世代に道を譲ることが運命づけられた。卵子と精子が接合して遺伝子を次世代に受け渡し、自分は滅びながら種を保存していく過程は「利他的行動」と見なすこともできる。それが、「自分の遺伝子をより多く残すための競争」といい換えられたために、「利己的」と考えられてしまったのである。しかし、どんな生物にも自分の子孫を残すことにつながらない行動がたくさんある。私が発見したゴリラのオスたちのホモセクシュアルな行動もそのひとつだ。6頭のオスたちが数年間、ひとつの集団を組んで全くメスを求めずに互いに性的な関係を結んで暮らした。この中には後にメスを得て子どもを作ったオスもいたが、生涯のほとんどをオスとだけ暮らしたオスもいた。

彼らは進化の失敗者なのだろうか。私はそう思わない。ゴリラは幼年時代に、異性や同性にこだわることなく性的な遊びをする傾向がある。それがおとなになっても現われ、同性どうしで惹かれ合い、助け合って暮らす感性や能力となっているのだと思う。このゴリラと同じ能力を人間はさらに強く持っているのではないだろうか。ゴリラでも人間でも常に自己実現を目指しているわけではない。信頼できる仲間といっしょに暮らし、仲間に尽くしたいと思う気持ちがあるのだ。

おそらく現代人もある時代まで利他の精神を他の動物よりも強く持って暮らしていた。他の霊長類には見られない直立二足歩行は、類人猿がいまだに進出したことのない草原で長い距離を歩いて食物を探し、自由になった手で食物を運んで、安全な場所で待っている仲間と分かち合うために効果を発揮した。しだいに集団は大きくなり、血縁関係にない仲間と食物を分かち合う必要が生じただろう。現代でも人々は、見知らぬ他人とすら気前よく食物を分け合うことに喜びを感じる。

肉食動物から捕食される危険の多いサバンナで生き延びるために、人類は集団規模を拡大して多産になり、頭でっかちの成長の遅い子どもをたくさん抱えるようになった。それが共感力を高め、家族と複数の家族から成る共同体という重層的な社会を作ることにつながった。この社会は利他の精神をさらに高める結果となったはずだ。人間は血縁関係のない子どもを救うためにいのちを懸けることがある。川でおぼれている子どもを見たら、誰でもとっさに飛び込もうとする。毎年、そういった事故が報道される。こういった血縁ということに縛られない利他の行為は人間社会に満ちているといえないだろうか。

高い共感力で仲間の苦境を自分のことのように感じ、緊密な協力関係を結んで暮らしてきたはずの人間が、いつから互いに敵意をむき出しにして殺し合うような社会を作ってしまったのか。それには言葉と技術の発展が大きく影響していると私は思う。

たとえば戦争という暴力を例にとって考えてみよう。私たちの社会における道徳は暴力によって人を殺めることは悪いことだと教えている。ではなぜ、戦争で人を殺すことは英雄的な行為だと讃えられるのか。それは「美徳」といい換えられるためである。ふだん悪いこととされている行為でも、「自分のいのちを賭して仲間を助けようとする」のは美しい行為と見なされるのである。美徳は道徳を超越する。道徳を破っても罰則を食らう程度だし、それを守っても当たり前だと見なされる。しかし、美徳と讃えられれば、その行為は個人の名声となって世代を超えて伝えられる。本来、美徳は人間が利他の精神で社会を営む際に必要不可欠な行為であり、信頼し合う仲間どうしで発揮されるものであった。さらに、危機は肉食動物や災害がもたらすものであり、人間自身が敵として襲ってくることはなかった。

人間が定住して食料生産を始め、所有を原則とした社会を作るようになると、集団で領土を守ろうとする動きが芽生えた。そこで、本来なら自然がもたらす危機に対して使われていた美徳が、敵対する集団に対しても使われるようになった。「鬼畜のような残忍な敵に対して、ライオンのように雄々しく闘っていのちを落とした英雄」というような言い換えが言葉によってなされたのである。日本でも戦国時代以降、とくに明治以降に大規模化した戦争で盛んに使われた。特攻隊はその最たるものではなかったか。

ゴリラの社会で暮らしてみて私が感じた人間の本質とは、150人以下の小規模な社会で顔見知りの仲間とともに、自己犠牲の精神を発揮して助け合う能力であった。しかし、社会が急速に拡大し、人間を超える技術を作り出してシステムを強固にすると、技術によって社会を変えようとする動きが活発化した。効率性と生産性を高めるだけでなく、大きくなった集団どうしで領土や所有権を競うようになった。武器の発達は戦いの規模を拡大し、人間どうしではなく、戦車、軍艦、飛行機、果てはドローンなどの無人機や毒ガスなど遠隔攻撃によって戦いが繰り広げられるようになった。それはもう「いのちを賭して仲間を守る」行為にはほど遠い。しかし、それでもなお戦時下では美徳が盛んに奨励される。それは言葉と技術が作り出した現代の落とし穴だと私は思う。その穴を広げているのはマスコミをはじめとする情報環境である。メディアは善いことよりも悪いことを報道する。そのほうが視聴者、読者の興味を引くからだ。その結果、私たちは悪いことをする人々にいつも囲まれているような錯覚に陥ってしまう。

オランダの歴史学者ルトガー・ブレグマンは『Ｈｕｍａｎｋｉｎｄ　希望の歴史』の中で、他人の不幸を喜ぶのが人間の本性とされたこれまでの心理学実験が誤っていたことを暴き、人間は本質的に「善」であると主張している。過去の戦争でも実際に銃を撃ったことのある兵士は2割程度に過ぎず、１９１４年のクリスマスイブには戦っていたドイツ兵とイギリス兵が互いの塹壕を訪問し、聖歌を贈り合ったエピソードが報告された。本来、人間は戦いたくないし、戦場にあっても殺し合うことをできるだけ避けようとするのだ。にもかかわらず、なぜ兵士は戦場へ向かうのか。それは憎しみでも恨みでも復讐でもなく、「友情」のためだとブレグマンはいう。「ともにいのちを懸ける」ことに仲間としての最上の到達点があるのだ。

その「友情」を私たちは未来に正しく使わなければならない。共感や道徳や友情が小規模な社会の内部にしか通用しないなら、あえてそれを大きな社会に適用して「国家の団結」などと言葉を弄するのではなく、小規模な社会をいくつも平和につなぐ方策を考えるべきだ。「国家の安全保障」は「人間の安全保障」を犠牲にすることが多いからである。それを防ぐためには小規模な社会の間で文化的な交流を活発化させ、国家の枠を超えて人々がつながり合う仕組みを作ることが不可欠になる。２００１年にパリで行なわれたユネスコ総会では「文化的多様性に関する世界宣言」が採択され、文化は生物と同じように多様でなければならず、他の文化と接触してこそ創造を生み出すとしている。文化が文明と違うのは権威だけで権力や政治組織が要らないことだ。人々が複数の社会や文化に属してつながり合えば、政治力や経済力を使う必要はなくなる。現代の情報通信機器を賢く使えば、７００万年を通して築き上げた人間の共感力と利他の精神を十分に発揮できる社会が作れるはずである。そのとき、地球は真の意味でいのちが響き合う惑星になっていると私は期待している。

山極寿一［やまぎわ・じゅいち］

1952年東京都生まれ。総合地球環境学研究所所長。京都大学理学部卒、同大学院理学研究科博士後期課程単位取得退学。理学博士。専攻は人類学、霊長類学。（財）日本モンキーセンターを経て京都大学霊長類研究所助手、同大学院理学研究科助教授、教授を務め、第26代京都大学総長に就任。2021年より現職。屋久島に繰り返し通って野生のヤクシマザルを調査。並行して日本人として初めて本格的にアフリカ各地でゴリラを調べ、初期人類の生活の復元に挑んできた。『ゴリラ』『家族の起源～父性の登場』『家族進化論』（いずれも東京大学出版会）など著書多数。

編集：藍野裕之、加治佐奈子、沢木拓也

本書は、『BE-PAL』2021年12月号から2023年6月号までの連載「森の声、ゴリラの目」を再編集したものです。

森の声、ゴリラの目
人類の本質を未来へつなぐ

二〇二四年二月六日　初版第一刷発行

著者　山極寿一
発行人　大澤竜二
発行所　株式会社小学館
〒一〇一－八〇〇一　東京都千代田区一ツ橋二ノ三ノ一
電話　編集：〇三－三二三〇－五九一六
販売：〇三－五二八一－三五五五
印刷・製本　中央精版印刷株式会社

Printed in Japan ISBN978-4-09-825467-5